해피 스마일 베이킹

"Draw Your Own Picture" Sweets

지바 다카코(Takako Chiba) 저 | 이재화 역

아르고나인

Contents
목차

시작하며 — 8

재료들 & 도구들 — 10

데커레이션의 기본 기술
(아이싱) — 12

데커레이션의 기본 기술
(초코펜 & 휘핑크림) — 14

Part. 1
기본 스마일 베이킹

스마일 컵케이크 — 16

동물 컵케이크 — 18

산타클로스와 에클레르 루돌프 — 20

아이싱 쿠키 — 22

동물 잼 샌드위치 쿠키 — 24

강아지 아몬드 쿠키 — 25

사자 쿠키 — 26

밤 & 고구마 타르트 — 28

서양배 스마일 타르트 — 30

곰돌이 초콜릿 타르트 — 32

스마일 롤 — 34

꿀벌 미니 롤케이크 — 36

동물 스틱 케이크 — 37

개구리 가족 케이크 — 38

강아지 바바루아 케이크 — 40

멧돼지 가족 케이크 — 42

산타 크리스마스 케이크 — 44

악어 슈크림 — 46

Part. 2

시원한 스마일 디저트

동물 젤리 ——— 50
너구리 초콜릿 바바루아 ——— 52
고양이 커피 젤리 ——— 53
바다표범 파르페 ——— 54
테디베어 캐러멜 푸딩 ——— 55
돌고래 양갱 ——— 56
햄스터 판나코타 ——— 57
동물 아이스크림 ——— 58
오뚝이 딸기 셔벗 ——— 60
병아리 & 엄마 닭 빙수 ——— 61
털보 아저씨 셔벗 ——— 62

Part. 3

폭신폭신한 일본 과자

동물 찐빵 ——— 66
백조 화과자 ——— 68
병아리 밤 만주 ——— 69
동물 만주 ——— 70
동물 카노코 ——— 71
하마 메밀 만주 ——— 72
백합 뿌리 눈사람 만주 ——— 73

Part. 4

멋쟁이 미니 베이킹

강아지 마시멜로 ——— 76
눈사람 마카롱 ——— 78
아기 멧돼지 미니 마들렌 ——— 80
초콜릿 올빼미 ——— 81
다쿠아즈 도토리 ——— 82

Column

칼럼 (스마일 음료)

디자인 카푸치노 ——— 48
스마일 스무디 ——— 64
마시멜로 토핑 음료 ——— 74

저자 소개 · 촬영 협조 ——— 84

> **이 책의 기준**
> ◎ 계량 단위는 1컵 = 200㎖, 큰술 = 15㎖, 작은술 = 5㎖입니다.
> ◎ 전자레인지의 가열 시간은 500W를 기준으로 했습니다. 기종에 따라 조금씩 차이가 있으니 사용하는 레인지에 맞춰 조절해 주기 바랍니다.

엽서용 사진이라는 의뢰를 받아 처음 만들기 시작한 스마일 베이킹. 덕분에 수많은 작품을 세상에 소개할 수가 있었습니다. 거리의 상점을 지나가다가 제가 만든 작품과 만나면 설렘과 감사의 마음이 뒤섞여 솟아오릅니다.

이번에 그동안 만든 스마일 베이킹을 한 권의 책으로 엮어 여러분께 선보이게 되었습니다. 저만의 요리책을 만들어 보고 싶다는 꿈을 안고 이 세계에 뛰어든 저의 오랜 소망이 드디어 이루어져, 마치 꿈을 꾸고 있는 것 같습니다.

이 책에서 소개할 스마일 베이킹은 자칭 '치유의 베이킹'입니다. 보는 사람이 자신도 모르게 웃음 지으며 마음을 누그러뜨릴 수 있는 작품을 만들기 위해 많은 정성을 쏟았습니다. 레시피는 조금 길지만, 만들어 보면 의외로 간단합니다. 귀엽고 절로 미소가 흐르는, 맛있는 과자를 만들어 보세요. 어른도 아이도 모두 행복한 표정으로 먹어 줄 것입니다.

이 책이 여러분의 행복하고 맛있는 삶에 기여할 수 있는 레시피가 된다면 전 정말 기쁠 것 같습니다.

지바 다카코

가루&설탕

이 책에서 주로 사용하는 재료는 박력분입니다. 찰기가 거의 없어서 스펀지케이크나 쿠키와 같은 과자 전반에 폭넓게 사용할 수 있습니다. 핫케이크믹스나 찐빵믹스는 본래 목적 외에도 과자를 만들 때 다양하게 응용할 수 있는 유용한 가루입니다. 모든 가루는 습기를 먹지 않은 신선한 것을 사용합니다. 과자를 만들 때는 주로 그래뉼당을 사용하지만, 없으면 백설탕으로 대용해도 됩니다.

유제품

과자를 만들 때는 기본적으로 무염 버터를 사용하지만 없으면 일반 버터도 괜찮습니다. 버터는 감칠맛과 진한 향을 내며 반죽의 식감도 좌우하므로 신선한 것을 사용하도록 합니다. 생크림은 동물성이 감칠맛도 있고 입에서도 잘 녹지만 분리가 잘 되고, 식물성은 풍미가 떨어지지만 잘 분리되지 않는 특징이 있습니다. 요거트는 설탕이 들어 있지 않은 플레인 타입을 사용합니다.

너트류

코코넛은 코코넛 열매 속에 있는 하얀 섬유질을 가루로 만든 코코넛파인과 말려서 자른 코코넛롱이 있습니다. 아몬드파우더는 아몬드를 가루 형태로 만든 것으로 반죽에 넣으면 고소함과 감칠맛이 더해집니다. 기름기가 많아 산화하기 쉬우므로 빨리 사용합니다. 마론크림은 거품을 낸 생크림에 넣어 사용하거나 가는 체로 거른 고구마와 섞어 몽블랑을 만듭니다.

초콜릿 & 코코아파우더

초콜릿은 일반적인 판초콜릿보다 코코아파우더가 많이 들어간 순도 높은 제과용 초콜릿이 좋습니다. 코코아파우더는 설탕이 들어가지 않은 순수한 코코아를 사용합니다. 초코펜은 여러 가지 색이 있는데, 적정 온도의 몰에 넣어 녹여서 사용합니다. 그림을 그리는 데 실패하면 떼어내고 다시 그릴 수 있도록 차가워지면 굳는 제품을 사용합니다.

향신료

양주는 향을 내기 위해 자주 사용하는 재료입니다. 버찌를 증류해 만든 키르슈, 오렌지 리큐르인 그랑 마니에르와 같은 다양한 양주 중에서 좋아하는 것을 사용합니다. 바닐라빈은 난초과 식물의 일종으로 껍질 안에 있는 씨를 꺼내서 사용합니다. 가격이 비싸므로 바닐라에센스나 바닐라오일로 대용해도 됩니다.

응고제

가루한천은 끓는 물에 녹여서 사용하는데, 실한천처럼 걸러 낼 필요가 없어서 매우 편리합니다. 젤라틴은 두 종류가 있는데, 간편하고 사용하기 쉬운 것은 가루젤라틴이고 판젤라틴은 좀 더 투명합니다. 모두 물에 불려서 사용하며 한천과 달리 높은 온도에서 녹이면 응집력이 약해지므로 주의합니다.

거품기

재료를 섞거나 거품을 낼 때 거품기가 필요합니다. 스테인리스로 만든 튼튼한 것을 사용하며, 여러 가지 크기를 준비해 놓으면 편리합니다. 달걀 거품을 내거나 생크림을 휘핑할 때 핸드믹서를 사용하면 편리합니다. 핸드믹서가 있으면 과자를 만드는 게 훨씬 편해집니다.

계량 도구 & 체

과자를 만들 때 반드시 필요한 도구가 저울과 계량컵, 계량스푼입니다. 가루한천이나 젤라틴과 같은 재료는 적은 양으로도 완성품의 맛과 모양을 좌우하므로 저울은 눈금이 0.1g 단위까지 표시되는 디지털 제품을 사용하는 편이 좋습니다. 차 거름망이나 만능체는 스테인리스로 만든 튼튼한 것를 고릅니다.

주걱 & 편리한 도구

고무주걱은 재료를 섞거나 반죽의 모양을 깔끔하게 다듬을 때 있으면 편리합니다. 내열성으로 손잡이와 머리가 일체형으로 되어서 틈이 없는 것이 좋습니다(틈새로 찌꺼기가 끼이지 않고 씻기 쉬워 위생적). 식힘망은 구운 과자를 올려 식히는 데 사용하는 도구로, 빨리 식고 습기가 차지 않아서 편리합니다. 밀대는 쿠키나 타르트 반죽을 밀 때 필요합니다. 스크래퍼도 반죽을 펴거나 나눌 때 한 개 정도 있으면 편리합니다.

틀 & 짤주머니

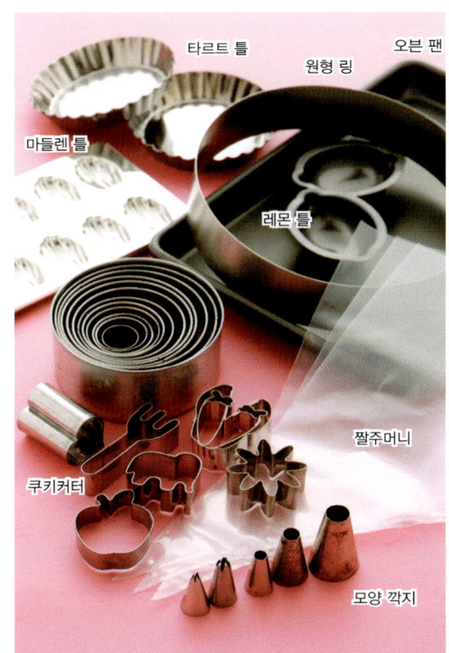

다양한 모양의 과자는 보기만 해도 행복해집니다. 특히 레몬 틀은 과자에서 젤리까지 두루두루 활용할 수 있으므로 한 개 정도 있으면 좋습니다. 사용한 후에는 물로 씻어서 물기를 잘 닦아 보관합니다. 짤주머니에 끼워서 사용하는 모양 깍지는 둥근 것은 입구의 지름이 6mm, 10mm, 15mm의 세 종류를 가장 많이 사용합니다. 별 모양 깍지는 큰 것과 작은 것을 준비해 놓으면 거의 모든 과자를 만들 수 있습니다.

기타 도구

붓은 남은 가루를 털어 내거나 잼을 바를 때 사용하면 편리합니다. 온도계는 전문적인 과자 만들기를 시작하려는 사람에게 꼭 필요한 도구로, 200℃까지 있으면 거의 모든 과자를 만들 수 있습니다. 종이호일과 유산지는 과자가 오븐 팬이나 스테인리스 쟁반에 달라붙지 않도록 까는 종이로, 아이싱이나 초콜릿 장식을 할 때 필요한 코르네(일회용 짤주머니)를 만들 때도 사용합니다. 대나무 꼬치나 작은 가위도 세밀한 작업을 할 때에 편리합니다.

데커레이션의 기본 기술

♥ 1 아이싱

아이싱은 쿠키나 컵케이크 위에 바르거나 작은 무늬를 그릴 때 매우 유용합니다.

●아이싱 만드는 법

 **재 료** (만들기 쉬운 분량)

슈가파우더 .... 225~250g
달걀흰자(큰 것) 1개

① 볼에 체 친 슈가파우더를 넣고 가운데를 움푹 판 다음에 달걀흰자를 넣는다. 레몬즙을 조금 넣으면 빨리 마른다.

② 나무주걱이나 포크로 윤기가 날 때까지 잘 섞는다. 이때 공기가 들어가면 푸석해져서, 말랐을 때 움푹 파이거나 선을 그리면 끊어지기 쉽다. 가능한 한 공기가 들어가지 않도록 주의한다.

③ 완성한 아이싱은 밀폐 용기에 넣어 물기를 꽉 짠 키친타올로 덮고 뚜껑을 닫으면 냉장고에서 약 일주일 동안 보관할 수 있다. 사용할 때는 필요한 양을 작은 그릇에 넣고 스푼 등으로 윤기가 날 때까지 휘젓는다. 농도는 슈가파우더나 물을 넣어 조절한다.

●점이나 선을 그릴 때의 농도는?

선이나 윤곽을 그릴 때는 아이싱을 스푼으로 떴을 때 끝이 뾰족하게 살아 있는 정도가 좋다. 너무 묽으면 선을 그렸을 때 두껍게 번진다. 농도는 슈가파우더나 물을 넣어서 조절한다.

●면을 그릴 때의 농도는?

넓은 면을 아이싱으로 덮을 때에는 울퉁불퉁해지지 않도록 묽은 아이싱을 사용한다. 스푼으로 떴을 때 선이 천천히 사라지는 정도의 농도가 적당하다. 너무 되직하면 말랐을 때 표면에 자국이 남아서 매끈하지 않다.

> 너무 묽으면 아이싱이 번지거나 쿠키가 수분을 흡수해 눅눅해지므로 주의해야 합니다.

1 코르네를 만들 때는 유산지(종이호일)나 포장용 투명필름, 하도롱지를 사용한다. 먼저 직사각형으로 자른 다음 대각선으로 자를 대고 부엌칼이나 커터를 사용해 반을 자른다. 크기는 넣을 양에 따라 조절한다.

2 직각 부분이 위를 향하게 놓고 밑변의 중앙 부분을 손으로 잡은 다음 왼쪽을 한 번 감고 오른쪽을 감는다.

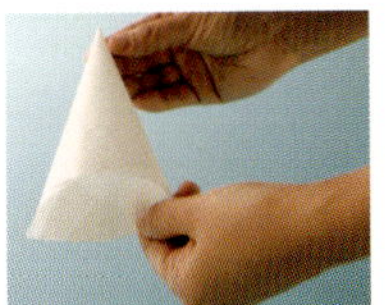

3 포개진 종이를 조금 틀어서 입구의 구멍을 살짝 열고 위쪽의 뾰족한 부분을 안쪽으로 접어 넣는다.

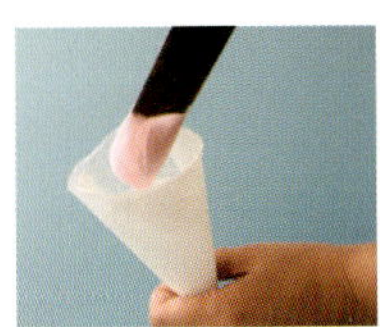

4 스패튤라로 아이싱을 넣는다.

5 아이싱을 앞쪽으로 밀고 윗부분의 양쪽을 접어서 감는다.

6 두세 번 더 종이를 접어서 아이싱이 역류하지 않도록 한다. 사용할 때는 가위를 사용해 원하는 크기로 입구를 자른다.

코르네 만드는 법

●아이싱에 착색하기

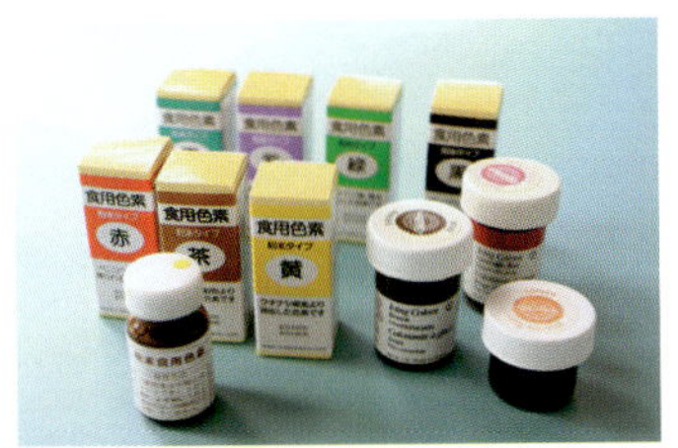

1 아이싱에 색을 넣는 재료에는 분말 식용색소와 페이스트 형태로 된 아이싱컬러가 있다. 분말 식용색소는 소량의 물에 녹여 사용한다. 천연재료로 만든 식용색소는 안심하고 사용할 수 있다.

2 아이싱에 색을 넣을 때는 소량의 물에 녹인 색소를 이쑤시개 끝 부분에 살짝 찍어서 아이싱에 넣는다. 페이스트 형태의 아이싱컬러도 같은 방법으로 넣는다. 분말을 그대로 아이싱에 넣으면 얼룩이 지게 되므로 반드시 물에 녹여서 사용한다.

3 색소를 넣을 때마다 스푼으로 잘 섞는다. 한 번에 많이 넣지 말고 조금씩 넣기를 반복해서 좋아하는 색으로 만든다. 말리면 색이 조금 진해지므로 주의한다.

●그리는 법

1 선을 그릴 때는 살짝 떼고 그리는 것이 포인트. 잘 만든 아이싱은 중간에 끊어지지 않는다.

2 점을 그릴 때는 코르네를 수직으로 세워서 짠다. 짜는 힘과 입구의 넓이로 크기를 조절한다.

3 면을 칠할 때는 스푼으로 바른다. 예쁘게 완성하려면 농도를 잘 맞추어야 한다. 반복해 만들면서 감각을 익힌다.

2 초코펜

초코펜은 그림을 그리거나 글자를 쓸 때 매우 편리합니다.

초코펜은 고체 형태와 액체 형태가 있는데, 잘못 그렸을 때
재빨리 냉장고에 넣어서 굳힌 다음 떼어내고 다시 그릴 수
있는 고체 형태가 더 편리합니다.

식물 천연색소를 사용한 컬러풀한 초코펜.

●사용법

내열성 컵에 넣어 40~50℃의 물을 부어 녹인 후에 사용한다. 처음이라 온도를 잘 가늠할 수 없을 때는 온도계를 넣어서 온도를 체크하면 된다. 아직 입구를 자르지 않았을 때는 입구를 아래쪽으로 해서 녹인다.

초콜릿이 완전히 녹았는지 만져서 확인한다. 전체가 말랑말랑하면 가위로 입구를 자른다.

랩 등에 조금 짜 보고 나서 시작하면 실수를 줄일 수 있다.

초코펜이 잘 나오지 않으면 식은 물을 조금 버리고 따뜻한 물을 붓는다. 초코펜에 물이 들어가면 분리가 되어 사용할 수 없으므로 물이 들어가지 않도록 주의한다.

●그리는 법

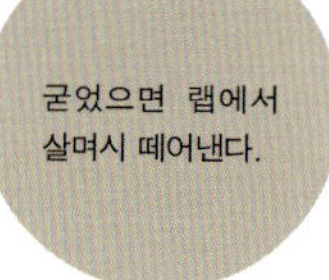

굳었으면 랩에서 살며시 떼어낸다.

점을 그릴 때는 입구의 크기나 힘의 세기로 크기를 조절한다.

선을 그릴 때는 조금 띄워서 그리는 것이 포인트.

동물의 귀와 같은 부위를 만들 때는 스테인리스 쟁반을 뒤집어 랩을 씌우고 그 위에 모양을 짠다.

3 휘핑크림

이 책에서 사용하는 휘핑크림을 만드는 법을 소개합니다.

재료 (완성했을 때 약 100g)

생크림.................................100ml
설탕....................................1큰술

① 볼에 생크림과 설탕을 넣은 다음 아래에 얼음을 받치고 거품을 낸다.

② 거품기로 들어 올렸을 때 뿔처럼 뾰족한 모양이 잡히면 완성. 깍지를 끼운 짤주머니에 넣는다.

③ 뒤쪽을 비틀어서 크림을 앞부분까지 밀어 넣는다.

기본 스마일 베이킹

Cute Traditional Sweets

스마일 베이킹의 기본은 버터 향이 감도는 소박한 맛의
과자와 케이크입니다. 그냥 먹어도 맛있지만 크림이나
아이싱, 과일로 깜찍하게 장식하면 개성 있는 나만의
과자를 만들 수 있습니다. 두근두근 가슴을 설레게 하
는 컬러풀한 스마일 베이킹. 생일이나 기념일 같은 특
별한 날에 꼭 한 번 만들어 보세요.

스마일 컵케이크

Smile Cupcakes

재 료 (지름 6cm 머핀 6개 분량)

기본 컵케이크
- 무염버터 80g
- 황설탕 60g
- 소금 .... 한꼬집
- 달걀 1개
- 박력분 120g
- 베이킹파우더 1작은술
- 우유 3큰술

초코펜(갈색, 분홍색, 주황색, 파랑색,
녹색 등) .... 적당량
마라시노 체리(뺨) .... 적당량
젤리빈(코) .... 적당량

밑 준비

- 버터를 실온에 놓아둔다.
- 박력분과 베이킹파우더는 합쳐서 2번 체 친다.
- 머핀틀에 종이 머핀컵을 깐다.
- 오븐은 180℃로 예열한다.

만드는 법

1 **기본 컵케이크를 만든다.** 버터를 크림 형태가 될 때까지 거품기로 저은 다음 황설탕과 소금을 넣고 풍성한 크림 형태가 될 때까지 섞는나(a).

2 달걀을 풀어서 3~4번 나누어 넣고 그때마다 거품기로 잘 섞는다(b). 반죽이 분리되면 체 쳐 놓은 박력분을 조금 넣고 섞어서 반죽이 분리되는 것을 막는다.

3 박력분을 전부 넣은 다음 거품기로 젓고 가루의 질감이 남아 있을 때 우유를 넣고 섞는다(c).

4 아이스크림 스쿱이나 스푼으로 틀에 넣어(d). 180℃로 예열한 오븐에서 25~30분 굽는다. 가운데를 꼬치로 찔러서 아무것도 묻어나지 않으면 완성.

5 컵케이크가 식으면 초코펜으로 얼굴을 그리고(e), 마라시노 체리로 뺨을, 젤리빈으로 코를 붙인다.

버터에 황설탕을 넣고 부푼 크림 형태가 될 때까지 젓는다.

풀어 놓은 달걀을 여러 번에 걸쳐 넣고 그때마다 잘 섞는다.

가루의 질감이 남아 있을 때 우유를 넣고 섞는다.

종이 머핀컵을 깐 틀에 스쿱으로 반죽을 넣는다.

컵케이크가 식으면 초코펜으로 얼굴을 그린다.

! 아이스크림 스쿱 이야기

스쿱은 아이스크림을 풀 때만이 아니라 케이크 반죽이나 아몬드 크림과 같은 크림 형태를 뜰 때도 편리합니다. 컵이 깊어서 대략적인 양을 알 수 있고 반죽도 깔끔하게 뜨고 덜어낼 수 있습니다.

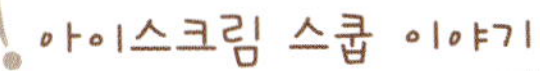

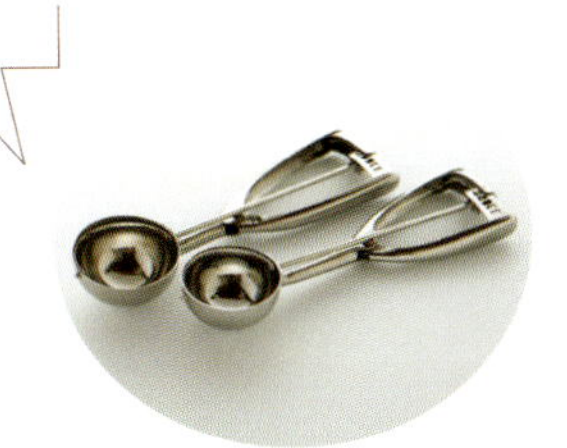

동물 컵케이크
Animal Cupcakes 

재 료 (돼지, 곰, 호랑이 각 2개 분량)

기본 컵케이크(17페이지 참조) 6개
아이싱(12페이지 참조) .... 적당량
식용색소
(빨간색, 갈색, 노란색, 검은색) ...... 적당량
초코펜(갈색, 노란색, 분홍색) ......적당량
마시멜로
(돼지 코와 귀, 분홍색과 흰색) ... 각각 1개
마라시노 체리(뺨) .... 적당량
초코볼(곰과 호랑이의 코) 4개

만드는 법

1 아이싱을 작은 용기에 넣어 스푼으로 젓는다. 촉촉하게 퍼질 정도의 농도로 조절한 다음 물에 녹인 식용색소를 넣어 분홍색, 노란색, 갈색으로 색을 입힌다.

2 컵케이크에 분홍색, 갈색, 노란색의 아이싱을 각각 올려 스푼으로 펴 바르고(a) 말린다.

3 **장식을 만든다.** 작은 스테인리스 쟁반을 뒤집어서 랩을 깔고 갈색과 노란색 초코펜으로 곰과 호랑이의 귀를 각각 4개씩 만든다(b).

4 2가 말랐으면 하얀색 아이싱으로 입 부분을 그리고 초코볼을 올려 코를 만들고 검은색 아이싱으로 눈과 입을 그린 다음 체리로 뺨과 귀를 붙여 곰을 만든다.

5 호랑이는 검은색 아이싱으로 무늬와 얼굴을 그리고 초코볼로 코와 귀를 만든다.

6 돼지는 얇게 자른 하얀 마시멜로로 코를 만들고 분홍색 초코펜으로 콧구멍을 그린다. 검은색 아이싱으로 얼굴을 그리고 분홍색 마시멜로를 가위로 뾰족하게 살라 귀를 만들어 아이싱으로 붙인다. 체리로 뺨을 만든다.

마시멜로(대 · 소)
컬러풀한 마시멜로는 동물의 귀나 코를 만들 때 사용할 수 있습니다.

컵케이크에 색을 넣은 아이싱을 스푼으로 펴 바른다.

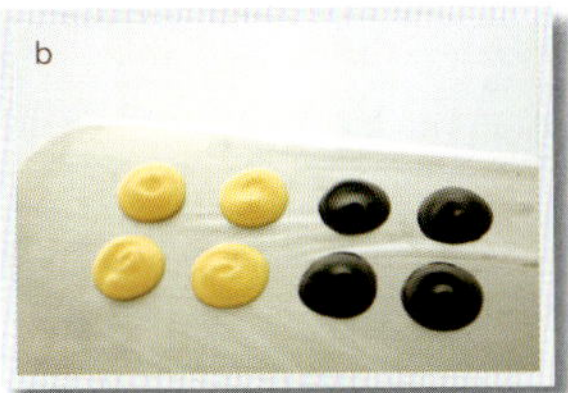

스테인리스 쟁반을 뒤집어 랩을 붙이고 초코펜으로 귀를 만든다.

! 오븐 이야기

오븐은 가스와 전기 같은, 종류나 기종의 차이에 따라 온도와 굽는 시간이 달라지므로 여러 번 구워 보아서 자신의 오븐에 맞는 시간과 온도를 찾아야 합니다. 연속해서 구울 때는 오븐 속이 데워져 있으므로 굽는 시간을 조금 줄이면 좋습니다. 반죽을 오븐에 넣을 때는 가능한 한 재빨리 넣어서 오븐 속의 온도가 떨어지지 않도록 합니다. 설정온도를 10℃ 정도 높여서 예열했다가 반죽을 넣고 10℃를 낮추는 방법도 있습니다. 완성한 반죽을 바로 오븐에 넣을 수 있도록 항상 예열해 두어야 합니다.

과일 컵케이크 만드는 법 ✳

재료 (지름 6cm 머핀 8개 분량)

재료	분량
무염버터	110g
황설탕	50g
설탕	50g
소금	1/4작은술
달걀	1½개
박력분	160g
베이킹파우더	1작은술
우유	40ml
말린 과일	60g

밑 준비

- 버터는 실온에 놓는다.
- 박력분과 베이킹파우더는 합쳐서 2번 체 친다.
- 오븐은 180℃로 예열한다.
- 머핀 틀에 종이 머핀컵을 깔아 놓는다.

만드는 법

1. 버터를 크림 형태가 될 때까지 거품기로 저은 다음 황설탕과 소금을 넣고 부푼 크림 형태가 될 때까지 섞는다.

2. 달걀을 풀어 3~4번 나누어 넣고 그때마다 거품기로 섞는다. 반죽이 분리되면 체 친 박력분을 조금 넣어서 분리를 막는다.

3. 박력분을 모두 넣고 고무주걱으로 섞은 다음 가루의 질감이 남아 있을 때 우유와 말린 과일을 넣고 섞는다.

4. 스쿱이나 스푼으로 틀에 넣고 180℃ 오븐에서 25~30분간 굽는다.

산타클로스와 에클레르 루돌프 ✦

Santa Claus and Reindeer Eclairs

컵케이크 산타클로스

재 료 (4개 분량)

과일 컵케이크	4개
바나나	1개
레몬즙 – 약간/ 생크림	1컵
그래뉼당	2큰술
딸기(모자)	큰 것으로 4개
마라시노 체리(장갑)	4개
젤리빈(코)	2개
초코펜(갈색, 분홍색)	적당량

만드는 법

[1] 바나나는 껍질을 벗겨서 2~3cm 길이로 자르고 레몬즙을 뿌려 둔다. 딸기는 씻어서 꼭지를 떼어 놓는다.

[2] 생크림에 그래뉼당을 넣고 얼음물을 받친 다음 뿔이 생길 때까지 거품을 낸다. 스쿱으로 생크림을 푸고 그 안에 잘라둔 바나나를 넣은 다음 컵케이크에 올린다(a).

[3] 남은 생크림은 작은 별모양 깍지를 끼운 짤주머니에 넣어서 수염을 만든다. 딸기를 머리에 올리고 둘레에 생크림을 짜서 모자를 만든다.

[4] 젤리빈을 1cm 정도 크기로 잘라 코를 붙이고 초코펜으로 눈과 뺨을 그린 다음 체리를 반으로 잘라 장갑으로 붙인다.

스쿱으로 생크림을 뜨고 그 안에 바나나를 넣어 컵케이크에 올린다.

에클레르 루돌프

재 료 (4개 분량)

에클레르(시판품)	4개
생크림	1/2컵
코코아	2큰술
그래뉼당	1큰술
휘핑크림	적당량
초코펜(갈색, 검은색)	적당량

만드는 법

[1] **장식을 만든다.** 작은 스테인리스 쟁반을 뒤집어 랩을 씌우고 루돌프의 뿔은 검은색 초코펜으로, 귀와 꼬리는 갈색 초코펜으로 만든다.

[2] 볼에 생크림과 코코아, 그래뉼당을 넣고 뿔이 생길 때까지 거품을 낸다. 10mm 정도의 둥근 모양깍지를 끼운 짤주머니에 넣고 에클레르에 얼굴을 짠다(b).

[3] 초코펜으로 코와 눈을 그리고 뿔과 귀, 꼬리를 붙인다(c). 산타용으로 만든 휘핑크림을 가슴에 짠다.

스쿱으로 생크림을 뜨고 그 안에 바나나를 넣어 컵케이크에 올린다.

초코펜으로 만든 뿔과 귀를 붙인다.

아이싱 쿠키
Cookies with Icing

배경 아이싱이 마르고 나서 그 위에 그림을 그리면
입체감이 살아 있는 그림을 그릴 수 있습니다.

재 료 (만들기 쉬운 분량)

기본 쿠키 반죽

- 무염버터 100g
- 그래뉼당 90g
- 달걀 1/2개
- 바닐라에센스 .... 조금
- 박력분 200g

아이싱(12페이지 참조) .... 적당량
식용색소................................적당량

밑 준비

- 버터를 실온에 놓는다.
- 박력분을 2번 체 친다.
- 오븐은 반죽을 넣기 전에 170℃로 예열
  한다.

만드는 법

1. 버터를 크림 형태로 저은 다음 그래뉼당
   을 넣고 하얗게 될 때까지 섞는다.
2. 달걀, 바닐라에센스를 넣고 잘 휘저은
   다음 박력분을 넣고 힘주어 섞는다. 마지막
   에 반죽을 하나로 뭉쳐 랩으로 싸서 냉장고
   에 1시간 정도 넣어둔다.
3. 냉장고에 넣어둔 반죽을 꺼내 랩을 벗기
   고 밀대로 4mm 정도 두께가 되도록 민다.
4. 반죽을 박력분(분량 외)을 묻힌 쿠키커
   터로 찍어내거나 칼로 잘라 종이호일을 깐
   오븐 팬에 간격을 띄워서 놓는다. 170℃ 오
   븐에서 12~15분, 둘레가 맛있는 황금색으
   로 될 때까지 굽는다.
5. 쿠키가 완전히 식으면 아이싱으로 그림
   을 그린다.

반죽을 균일하게
밀려면 … …

양끝에 같은 두께의 막대를 놓아
두고 밀면 반죽의 두께를 균일하게
밀 수 있습니다.

●쿠키커터로 만든 쿠키에 그림 그리기

상상력을 조금만 발휘하면 다양한 모양의 쿠키를 만들 수 있습니다. 좋아하는 형태로 찍어내 구운 다음 아이싱이나 초코펜을 사용해 그림을 그립니다. 쿠키커터가 없을 때는 두꺼운 종이로 만들어 찍어낼 수도 있습니다.

●아이싱으로 배경을 칠하는 비법

붓. 또는 스푼으로 바릅니다.

되직한 아이싱으로 먼저 윤곽을 그리고 그 안에 아이싱을 채웁니다. 이 방법을 사용하면 아이싱을 높게 올릴 수 있어서 입체적인 그림을 그릴 수 있습니다.

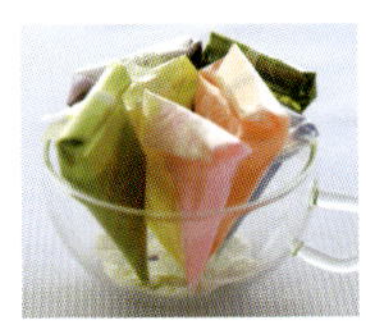

●쿠키를 캔버스 삼아 그림 그리기

쿠키커터가 없을 때는 반죽을 좋아하는 크기나 형태로 잘라 구운 다음, 아이싱이나 초코펜으로 그림을 그립니다.

배경의 아이싱이 마르기 전에 다른 색으로 무늬를 그리면 울퉁불퉁하지 않은 평평한 그림을 그릴 수 있습니다.

잘 그리는 비법

① 아이싱은 모두 같은 농도의 묽은 아이싱을 사용한다(농도가 다르면 수분이 이동해서 색이 번짐).

② 다른 색으로 그리고 마르기 전에 이쑤시개로 살짝 긁으면 색이 끌려와 다양한 모양을 표현할 수 있다.

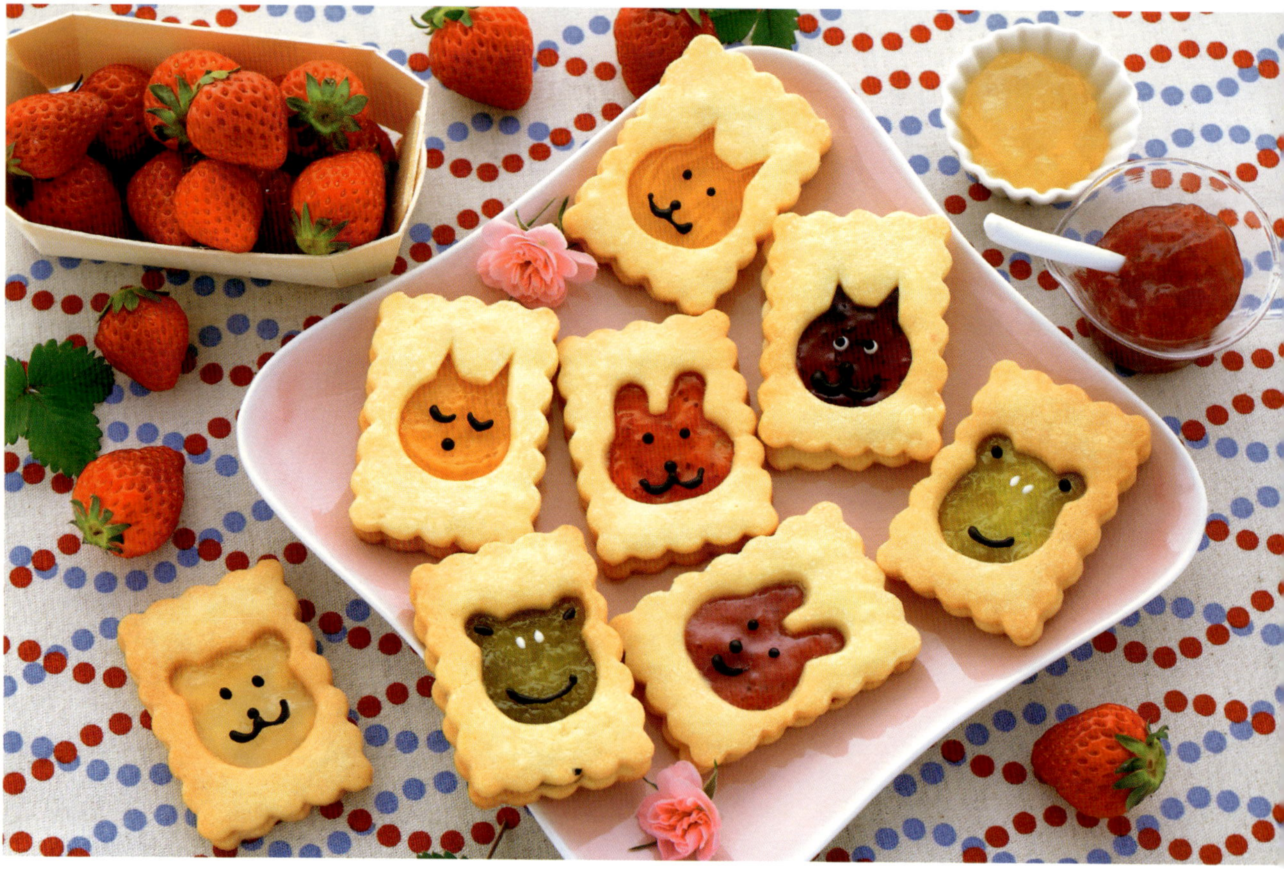

잼의 수분을 흡수해 촉촉한

동물 잼 샌드위치 쿠키

Animal Jam Sandwich Cookies

반죽이 너무 부드러울 때는 랩으로 싸서 냉장고에 넣으면 단단해져서 틀로 찍기 편해집니다.

재 료 (10개 분량)

무염버터	100g
설탕	40g
우유	1큰술
아몬드파우더	30g
박력분	150g
좋아하는 잼	적당량
초코펜(검은색, 흰색)	적당량

밑 준비

- 버터를 실온에 놓는다.
- 설탕과 박력분을 따로따로 2번 체 친다.
- 오븐은 반죽을 넣기 전에 170℃로 예열한다.

만드는 법

1 버터를 거품기로 저어 크림 형태로 만들고 설탕을 넣어서 하얗게 부풀 때까지 섞는다.

2 우유를 넣어 섞는다. 다 섞었으면 아몬드파우더를 넣고 거품기로 잘 섞는다.

3 박력분을 넣은 다음 고무주걱으로 힘을 주어 섞고 매끈해지면 한 덩어리로 만든다.

4 반죽을 2mm 두께로 민다.

5 직사각형 쿠키커터(45×70mm)로 20장을 찍고 10개를 170℃ 오븐에서 12~15분 굽는다. 나머지 10개는 종이호일을 깐 오븐 팬에 놓고 가운데를 동물 모양 쿠키커터로 찍는다(a). 찍어낸 동물 쿠키와 함께 170℃ 오븐에서 8~9분 굽는다.

6 쿠키가 식으면 잼을 바르고 초코펜으로 얼굴을 그린다(b).

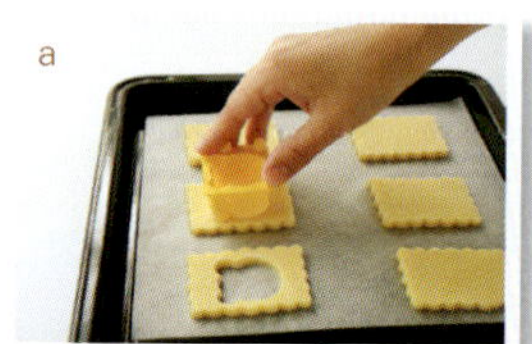

a

오븐팬 위에 올려놓고 쿠키커터로 찍으면 쿠키가 비뚤어지지 않는다.

쿠키에 잼을 바를 때 잼에 연유를 섞으면 다양한 색을 낼 수 있다.

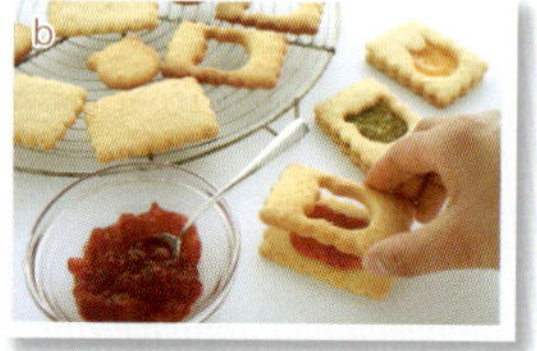

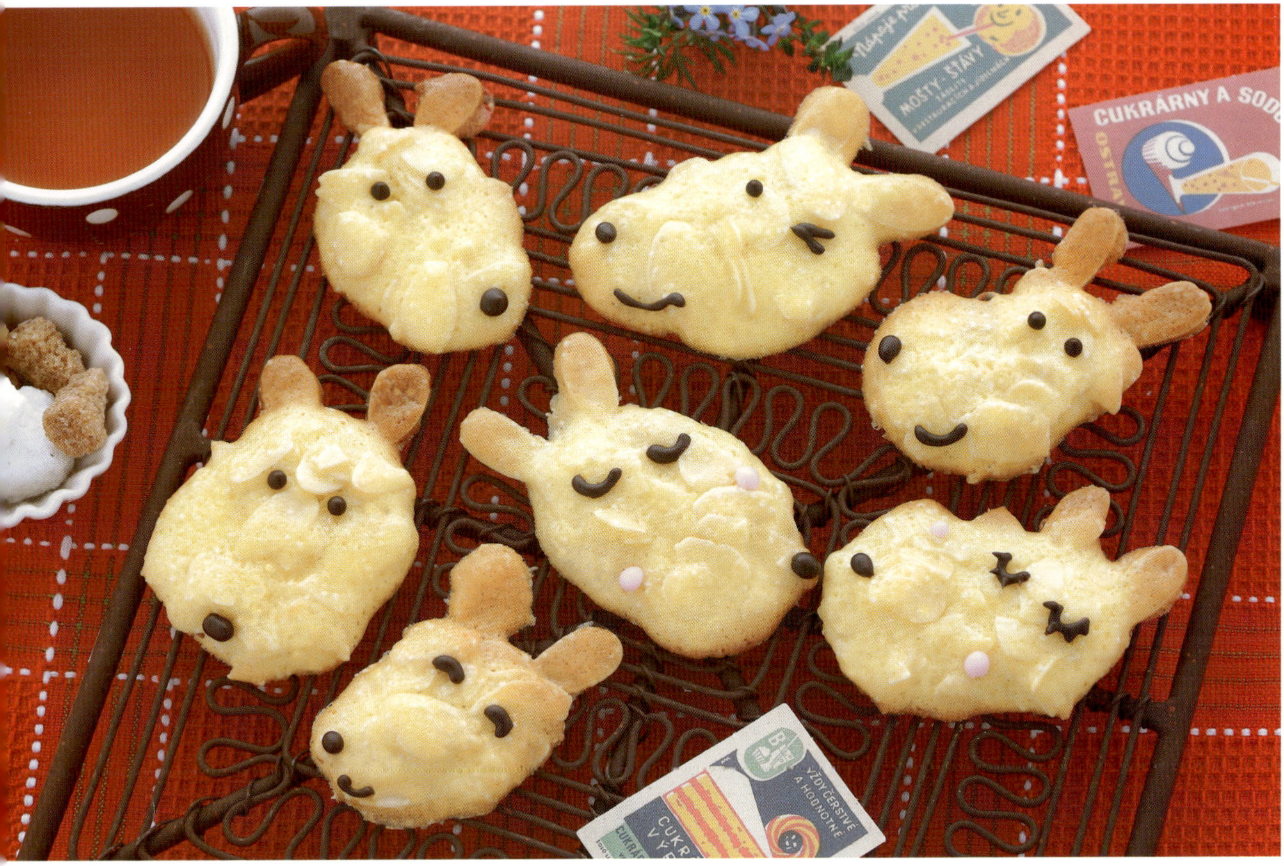

고소한 아몬드 향과 바삭한 느낌이 좋은

강아지 아몬드 쿠키

Doggy Almond Cookies

재료 (12개 분량)

무염버터.. 40g
그래뉼당.. 50g
달걀.. 1/2개
생크림.. 1큰술
박력분.. 40g
아몬드슬라이스.. 80g
초코펜(갈색, 분홍색) .... 적당량

밑 준비

- 아몬드슬라이스는 160℃ 오븐에서 약 10분 정도 굽거나 토스터로 살짝 굽는다. 귀로 사용할 예쁜 아몬드(24개)를 골라 놓는다.
- 박력분은 2번 체 쳐 놓는다.
- 오븐은 160℃로 예열한다.

만드는 법

1 버터는 중탕으로 녹이고 그래뉼당을 넣어 거품기로 문지르듯이 섞는다. 달걀, 생크림 순서로 넣고 잘 섞는다.
2 박력분을 넣고 거품기로 잘 섞은 다음 반죽을 조금 덜어서 귀로 사용할 아몬드슬라이스에 묻힌다. 남은 반죽에 아몬드슬라이스를 넣고 스푼으로 가볍게 섞는다.
3 종이호일을 깐 오븐 팬에 귀로 만들 아몬드슬라이스를 놓고 그 아래에 강아지 얼굴 모양으로 반죽을 놓는다. 160℃ 오븐에서 15~20분 굽는다.
4 초코펜으로 얼굴을 그린다.

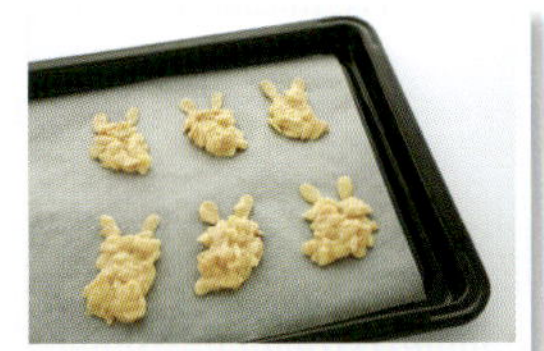

귀로 사용할 아몬드슬라이스를 놓고 그 아래쪽에 강아지 얼굴 모양으로 반죽을 놓는다.

사자 쿠키
Lion Cookies

재 료 (15개 분량)

아몬드 크림
- 무염버터 40g
- 그래뉼당 40g
- 달걀(중간 크기) 1개
- 아몬드파우더 40g

머랭 반죽
- 달걀흰자 2개
- 그래뉼당 30g
- 아몬드파우더 50g
- 슈가파우더 30g

코코넛롱 50g
살구잼 .... 적당량
기본 아이싱(12페이지 참조) ...... 적당량
초코볼(코) 15개
초코펜(갈색) .... 적당량

밑 준비

- ●버터는 실온에 놓는다.
- ●슈가파우더와 아몬드파우더는 각각 체 쳐 놓는다.
- ●오븐은 170℃로 예열한다.

만드는 법

1 **아몬드 크림을 만든다.** 실온에 놓아둔 버터를 볼에 넣고 거품기로 크림 형태가 될 때까지 섞은 다음 그래뉼당을 첨가해 하얗게 될 때까지 섞는다.

2 풀어 놓은 달걀을 조금씩 넣어 가며 잘 섞고 체 친 아몬드파우더를 넣은 다음 다시 섞는다.

3 **머랭 반죽을 만든다.** 볼에 달걀흰자를 넣고 핸드믹서로 풀어준 다음 그래뉼당을 여러 번 나누어 넣고 뿔이 생길 때까지 거품을 낸다(a). 아몬드파우더와 슈가파우더를 넣어서 섞고, 10mm 크기의 둥근 모양 깍지를 낀 짤주머니에 넣는다.

4 오븐 팬에 종이호일을 깔고 머랭 반죽을 타원형의 도넛 모양으로 15개 짠다. 코코넛롱을 그 위에 뿌리고 달라붙지 않은 것은 오븐 팬을 기울여 떨어뜨린다(b).

5 도넛 안에 아몬드 크림을 스푼으로 떠 넣고(c), 170℃ 오븐에서 15~20분 동안 굽는다.

6 식으면 가운데 부분에 붓으로 살구잼을 바른다(d).

7 코 부분에 아이싱을 짜고(e), 초코볼을 올려 코를 만든다. 초코펜으로 눈과 귀를 그린다.

머랭 반죽은 뿔이 생길 때까지 거품을 낸다.

여분의 코코넛롱은 오븐팬을 기울여 떨어뜨린다.

타원형 도넛 중앙에 스푼으로 아몬드 크림을 떠 넣는다.

식으면 붓으로 가운데에 살구잼을 바른다.

코르네로 코 부분에 아이싱을 짠다.

밤 & 고구마 타르트

Chestnut and Sweet Potato Tart

 (지름 18cm 타르트 1개 분량)

기본 타르트 반죽

무염버터	50g
그래뉼당	40g
달걀	1/2개
박력분	100g

생밤	120g
고구마(껍질 벗긴 것)	100g

필링

달걀	1개
황설탕	2큰술
생크림	100ml
마론크림	50g

코코넛롱	25g

밤 장식

고구마(껍질 벗긴 것)	100g
마론크림	40g
판초콜릿	1개
초코펜(갈색, 검은색)	적당량

밑 준비

● 버터를 실온에 놓는다.

● 박력분을 2번 체 쳐 놓는다.

● 오븐을 200℃로 예열한다.

만드는 법

1 **타르트 반죽을 만든다.** 버터를 저어서 크림 형태로 만들고 그래뉼당을 넣고 하얗게 될 때까지 섞는다. 달걀을 넣고 잘 섞은 다음 체 친 박력분을 넣고 힘주어 섞는다. 반죽을 하나로 뭉친 다음 랩으로 싸서 냉장고에 1시간 정도 넣어둔다.

2 다르드 반죽을 랩 사이에 끼워 밀대로 3mm 두께로 밀고 타르트 틀에 깐다. 틀의 구석까지 잘 펴서 깔고 둘레에 튀어나온 부분을 잘라낸다. 포크로 반죽 바닥에 구멍을 낸다(a).

3 생밤이 크면 손으로 쪼개고 고구마는 한입 크기로 잘라 물에 담갔다가 소쿠리로 받쳐서 키친타올로 물기를 제거한다.

4 **필링을 만든다.** 볼에 달걀을 푼 다음 황설탕, 생크림, 마론크림 순서로 넣어 가며 섞는다.

5 생밤과 고구마를 타르트 틀에 넣은 다음 필링을 붓고(b), 코코넛롱을 위에 뿌린다. 200℃ 오븐에서 35~40분 동안 굽는다.

6 **밤 장식을 만든다.** 고구마를 3cm 크기로 잘라 물에 담갔다가 소쿠리로 건져 내열 용기에 넣는다. 랩을 씌워서 500W 전자레인지로 3분 징도 데운 다음 가는 체로 거른다. 마론크림을 섞고 반죽이 푸석하면 우유나 생크림(분량 외)을 넣어 밤 모양으로 빚는다.

7 중탕으로 녹인 판초콜릿을 찍어(c) 망 위에 놓는다. 냉장고에 넣고 굳으면 검은색 초코펜으로 얼굴을 그린다.

8 **초콜릿 잎을 만든다.** 유리컵에 랩을 싸고 갈색 초코펜으로 잎을 그린다(d). 냉장고에서 단단해질 때까지 식힌 다음 떼어낸다.

9 타르트 위에 밤과 잎으로 장식한다.

군데군데 포크로 구멍을 내면 공기가 빠져나가 구워도 반죽이 들뜨지 않는다.

밤과 고구마를 고르게 넣고 필링을 붓는다.

밤 장식의 윗부분을 중탕으로 녹인 판초콜릿으로 코팅한다.

랩을 씌운 유리컵을 이용하면 나뭇잎에 입체감이 살아난다.

서양배 스마일 타르트
Smiling Pear Tart

재 료 (12cm 타르트 4개 분량)

기본 타르트 반죽

┌ 무염버터 50g
│ 그래뉼당 40g
│ 달걀 1/2개
└ 박력분 100g

아몬드 크림

┌ 버터 50g
│ 그래뉼당 50g
│ 달걀(중가 크기) 1개
│ 럼주 1작은술
└ 아몬드파우더 60g

작은 서양배(통조림) 4개
살구잼..적당량
초코펜(갈색, 분홍색, 노란색, 파란색)
....적당량
마라시노 체리 ....적당량
민트..적당량

밑 준비

● 버터를 실온에 놓는다.

● 오븐을 170℃로 예열한다.

만드는 법

1 **타르트 반죽을 만든다**(29페이지 참조). 랩 사이에 반죽을 놓고 2mm 두께로 민 다음 틀에 깐다. 틀 안쪽까지 잘 깔고 둘레의 여분을 제거한다(a). 포크로 반죽 바닥에 구멍을 낸다.

2 **아몬드 크림을 만든다.** 실온에 두었던 버터를 볼에 넣고 거품기를 이용해 크림 형태로 저은 다음 그래뉼당을 넣고 하얗게 될 때까지 섞는다. 달걀을 조금씩 넣어 가면서 섞고 럼주, 아몬드파우더 순서로 넣고 섞는다.

3 타르트 틀에 아몬드 크림을 부은 다음 반으로 잘라 심을 제거한 서양배를 2개 올린다(b).

4 170℃ 오븐에서 25~30분 정도 굽는다.

5 살구잼을 바르고(c) 초코펜으로 얼굴과 무늬를 그린다.

6 체리로 빰을 만들고 머리에 민트를 붙인다.

타르트 틀의 테두리를 밀대를 밀어서 여분의 반죽을 제거한다.

아몬드 크림 위에 심을 제거한 서양배를 올린다.

한 김 식으면 잼을 발라 윤기를 낸다.

곰돌이 초콜릿 타르트

Chocolate Teddy Bear Tart

재 료 (지름 12cm 타르트 8개 분량)

타르트 반죽

무염버터	....	50g
그래뉼당	....	40g
달걀	....	1/2개
박력분	....	95g
코코아	....	10g

가나슈

제과용 초콜릿	....	70g
생크림	....	100ml
브랜디	....	1작은술

초코펜(검은색, 흰색) .... 적당량

밑 준비

● 버터를 실온에 둔다.

● 초콜릿은 잘게 썰어 둔다.

● 오븐을 190℃로 예열한다.

만드는 법

1 **타르트 반죽을 만든다**(29페이지 참조). 타르트 반죽을 랩 사이에 끼우고 2mm 정도의 두께로 밀어서 틀에 깐다. 틈이 없도록 잘 깐 다음에 여분은 잘라낸다.

2 반죽 위에 컵케이크용 종이컵을 놓고 누름돌을 넣는다(a). 190℃ 오븐에서 약 15분 정도 굽는다.

3 귀를 만들기 위해 남긴 반죽을 둥근 모양 깍지 뒷면으로 16개를 찍어 내고 끝부분을 살짝 집어서 귀 모양으로 만든다(b). 190℃ 오븐에서 5~6분 정도 굽는다.

4 **가나슈를 만든다.** 냄비에 잘게 썬 초콜릿과 생크림을 넣고 약한 불로 끓인다. 초콜릿이 녹으면 불을 끄고 브랜디를 넣은 다음 섞는다.

5 구운 타르트에 4를 붓고 냉장고에 넣어서 굳힌다.

6 초코펜으로 얼굴을 그리고 귀를 붙인다.

컵케이크용 종이컵에 누름돌을 넣고 반죽 위에 올린 다음에 굽는다.

귀를 만들기 위해 남긴 반죽을 모양깍지 뒷부분으로 찍은 다음 살짝 집어 귀 모양으로 만든다.

캐러멜 풍미의 커스터드를 감싼 롤케이크
스마일 롤
Smiling Swiss Roll

기본 스펀지 시트
(27×20cm 오븐 팬 1개 분량)

- 달걀 3개
- 그래뉼당 45g
- 박력분 50g

캐러멜 커스터드

- 그래뉼당 25g
- 물 1작은술
- 생크림 30ml
- 우유 500ml
- 바닐라빈 ....조금
- 달걀노른자 4개
- 그래뉼당 100g
- 박력분 50g

초코펜(갈색) ....적당량
마라시노 체리(코) 2개
딸기(빰) .... 작은 것 8개
민트 ....적당량

밑 준비

- 박력분은 각각 2번씩 체 쳐 놓는다.
- 오븐 팬에 종이호일을 깐다.
- 껍질 속에 든 바닐라빈을 꺼내 놓는다.
- 오븐을 200℃로 예열한다.

만드는 법

1. **스펀지 시트를 만든다.** 볼에 달걀을 넣고 중탕에서 핸드믹서로 대강 풀어준 다음(a), 그래뉼당을 넣고 거품을 낸다.
2. 손가락을 넣어서 체온보다 따뜻해졌으면 중탕을 그만두고 믹서를 들었을 때 선이 그려질 정도까지 거품을 낸다(b).
3. 체 친 박력분을 다시 체로 쳐서 넣고(c) 고무주걱을 사용해 바닥에서 떠올리듯이 섞는다.
4. 오븐 팬에 붓고 표면을 평평하게 깐 다음(d) 200℃ 오븐에서 10~12분 정도 굽는다. 식힘망 위에 올려 식히고 종이호일을 떼어낸다.
5. **캐러멜 커스터드를 만든다.** 작은 냄비에 그래뉼당과 물을 넣고 중간불로 끓인다. 그래뉼당이 녹아서 홍차색으로 변하면 생크림을 넣어서 섞고 불을 끈다.
6. 냄비에 우유와 바닐라빈을 넣고 중간 불에서 가열하여 끓기 직전에 불을 끈다.
7. 볼에 달걀노른자와 그래뉼당을 넣고 거품기로 하얗게 될 때까지 섞는다. 박력분을 체로 쳐서 넣고 섞어서 매끈해지면 **6**의 우유를 조금씩 넣고 섞는다. 반죽을 체로 걸러서 냄비에 넣고 중간불로 가열한다.
8. 나무주걱으로 계속 섞어서 끈적하고 매끈한 크림 형태가 되면 불을 끈다. **5**를 섞어서 스테인리스 쟁반에 펼치고 랩을 씌워서 냉장고에서 식힌다.
9. **식혀 놓은 캐러멜 커스터드를 고무주걱으로 섞는다.**
10. 스펀지 시트의 양끝을 1cm 정도 잘라 종이호일 위에 올린다. 가운데 캐러멜 커스터드를 올리고 스펀지 시트의 양끝을 올려서 둥글게 만 다음(e), 종이호일로 감싼 후에 다시 한 번 알루미늄호일로 싸서 냉장고에 2시간 정도 넣어 놓는다.
11. 8등분하여 접시에 올리고 초코펜으로 얼굴을 그린다. 모양깍지 뒤쪽으로 체리를 찍어내서 코를 만들고 딸기를 잘라 빰을 붙이고 머리에 민트로 장식한다.

달걀은 중탕에서 거품을 내면 거품이 퍼지지 않고 잘 만들어진다.

핸드믹서로 선이 그려질 정도까지 거품을 낸다.

박력분은 체로 쳐서 넣으면 균일하게 섞을 수 있다.

반죽을 오븐 팬에 붓고 스크래퍼로 표면을 평평하게 다듬는다.

스펀지 시트의 양끝을 들어올려 둥글게 만다.

스펀지와 마시멜로 두 가지 맛의 만남

꿀벌 미니 롤케이크

Honeybee Mini Swissroll

재 료 (5개 분량)

달걀	2개
그래뉼당	40g

A
- 박력분 — 18g
- 식용색소 — 조금

B
- 박력분 — 13g
- 코코아 — 5g

딸기크림
- 생크림 — 60ml
- 연유 — 1~2큰술
- 딸기 — 6개

노란색 마시멜로(얼굴) — 3개
초코펜(검은색, 흰색, 갈색, 분홍색) 적당량

밑 준비

- A의 박력분은 따로, B의 박력분과 코코아는 합쳐서 각각 2번 체 쳐 놓는다.
- 오븐은 200℃로 예열한다.
- 10mm 크기의 둥근 모양 깍지를 낀 짤주머니를 2개 준비해 둔다.

만드는 법

1. 스테인리스 쟁반을 뒤집어서 랩을 씌우고 하얀색 초코펜으로 날개를 10개, 검은색으로 더듬이를 10개 만든다(14페이지 참조). 마시멜로는 반으로 잘라 초코펜으로 얼굴을 그리고 더듬이를 붙인다.

2. **두 가지 색 스펀지를 만든다.** 달걀을 흰자와 노른자로 나누어 각각 볼에 담는다. 흰자는 핸드믹서로 풀고 그래뉼당의 반을 여러 번 나누어 넣으면서 뿔이 생길 때까지 거품을 낸다. 노른자에 남은 그래뉼당을 넣고 폭신해질 때까지 거품을 낸 다음 흰자에 넣고 핸드믹서로 섞는다.

3. ②를 둘로 나누어 하나는 A를 넣어 섞고 짤주머니에 넣는다. 나머지는 B를 넣어서 섞은 다음 다른 짤주머니에 넣는다.

4. 오븐 팬에 종이호일을 깔고 18cm 정도의 폭으로 A와 B의 반죽을 번갈아 가며 짠다(a). 200℃ 오븐에서 8~10분 굽는다.

5. 딸기크림을 만든다. 휘핑크림을 만든 다음 잘게 썬 딸기를 넣고 섞는다.

6. ④의 스펀지에 딸기크림을 올리고 한 바퀴 감은 다음 연결 부위를 아래쪽으로 놓고 5등분하여 접시에 담는다.

7. 마시멜로로 만든 얼굴을 붙이고 날개를 꽂는다.

둥근 모양 깍지로 두 가지 색의 반죽을 18cm 정도의 폭으로 번갈아 짠다.

마시멜로에 초코펜으로 얼굴을 그리고 더듬이를 꽂은 후에 몸에 붙인다.

동물 스틱 케이크 ✳
Animal Stick Cake

재 료 (27×20cm 오븐 팬 1개 분량)

무염버터	100g
그래뉼당	70g
황설탕	70g
달걀	2개
┌ 박력분	200g
│ 소금	1/4작은술
└ 베이킹파우더	2작은술
호두	30g
바나나(완숙)	큰 것 2개
레몬즙	조금
휘핑크림	적당량
식용색소	
(노란색, 빨간색, 녹색 등)	적당량
초코펜(갈색, 분홍색 등)	적당량

밑 준비

- 버터는 실온에 둔다.
- 황설탕을 체 쳐 놓는다.
- 박력분과 소금, 베이킹파우더는 합쳐서 2번 체 쳐 놓는다.
- 호두는 알루미늄호일에 올려놓고 토스터로 살짝 구워 대강 썰어 둔다.
- 바나나는 껍질을 벗기고 포크로 뭉갠 다음 레몬즙을 뿌려 놓는다.
- 틀에 종이호일을 깐다.
- 오븐은 200℃로 예열한다.

만드는 법

1. 볼에 버터를 넣고 크림 형태로 푼다. 그래뉼당과 황설탕을 넣고 부풀 때까지 섞는다.
2. 풀어 놓은 달걀을 조금씩 넣고 잘 섞는다. 중간에 반죽이 분리되면 가루를 조금씩 섞어서 분리를 막는다.
3. 체 친 가루를 1/3 정도 넣어서 섞고, 다 섞으면 바나나의 절반을 넣는다. 섞다가 호두를 넣고 가루, 바나나, 가루 순서로 번갈아 넣으며 섞는다.
4. 틀에 붓고 200℃의 오븐에서 30~35분 굽는다.
5. 틀에서 꺼내 식히고 스틱 형태로 잘라 그 위에 좋아하는 동물 모양으로 휘핑크림을 짠다. 초코펜으로 귀와 수염 등을 만들어 붙이고 얼굴을 그린다(14페이지 참조).

개구리 가족 케이크
Big Frog Family Cake

재 료 (지름 18cm 원형 링 1개 분량)

스펀지 시트(지름 18cm, 두께 1cm,
35페이지 참조) 1개
가루젤라틴 5g
  물 3큰술
  생크림 120ml
크림치즈 200g
설탕 60g
요거트 100ml
레몬즙 1작은술

장식
생크림 80ml
  설탕 2작은술
  멜론 .... 적당량
초코펜(갈색, 흰색) .... 적당량

밑 준비

● 가루젤라틴은 물에 넣어 잘 섞어서 불려 놓는다.
● 크림치즈는 실온에 둔다.
● 원형 링에 스펀지 시트를 끼워 둔다.

만드는 법

1 젤라틴을 중탕으로 녹인다. 생크림은 폭신할 때까지 거품을 낸다.

2 볼에 크림치즈를 넣고 거품기로 크림형태가 될 때까지 갠 다음 설탕, 요거트, 레몬즙을 넣고 섞는다. 녹인 젤라틴을 넣고 섞은 다음 생크림을 넣고 섞어 원형링에 붓고(a), 냉장고에서 굳힌다.

3 **장식용 개구리를 만든다.** 큰 화채 스푼으로 멜론을 동그랗게 8개 도려내 얼굴을 만들고 눈을 끼울 자리에 눈 크기의 작은 화채 스푼으로 조금 움푹 들어가게 파 놓는다(b). 작은 화채 스푼으로 눈알을 16개 도려내서 초코펜으로 미리 만들어 놓은 눈을 붙이고 큰 멜론에 끼운다. 개구리 아래 받침대로 쓸 꽃을 꽃 모양 쿠키커터로 8개 찍어 놓는다.

4 **장식용 휘핑크림을 만든다.** 생크림에 설탕을 넣고 폭신하게 부풀 때까지 거품을 낸다.

5 굳은 2를 원형 링에서 꺼내 4를 바른다(c).

6 꽃 모양으로 찍어 낸 멜론을 8개 놓고 그 위에 개구리를 올린다.

스펀지를 끼운 원형링에 크림치즈 반죽을 붓는다.

멜론을 화채 스푼으로 동그랗게 도려내 얼굴을 만들고 눈을 붙일 부분을 조금 판다.

굳은 치즈케이크를 원형 링에서 꺼내 휘핑크림으로 장식한다.

! 스펀지 시트가 없을 때는 ……

스펀지 시트가 없을 때는 통밀크래커(다이제스티브 등)(70g)를 두꺼운 비닐봉지에 넣고 밀대로 두들겨 부순 다음 녹인 버터(50g)를 섞어 원형 링 아래에 깔아도 좋습니다.

강아지 바바루아 케이크 ✦
Doggy Babaloa Cake

재 료 (6개 분량)

코코아 스펀지 케이크(36페이지 참조)
(27×20cm의 오븐 팬 1개 분량

- 박력분 45g
- 코코아 10g
- 달걀 3개
- 그래뉴당 45g

바바루아 반죽

- 우유 200ml
- 그래뉴당 35g
- 바닐라빈 .... 조금
- 달걀노른자 1개
- 그래뉴당 2큰술
- 가루젤라틴 5g
- 물 1큰술
- 생크림 50ml

캐러멜 크림

- 그래뉴당 45g
- 물 1작은술
- 생크림 150ml
- 체리(통조림, 코) 3개
- 초코펜(갈색, 검은색) .... 적당량

※ 남은 스펀지 시트는 랩으로 싼 다음 비닐봉지에 담아 냉장고에 넣어 두면 2~3주 동안 보관할 수 있습니다.

밑 준비

● 가루젤라틴은 물에 담가 잘 섞어 불려 놓는다.
● 물방울 모양 링에 코코아 스펀지 시트를 채워 놓는다.
● 껍질을 열어서 바닐라빈을 꺼내 놓는다.

만드는 법

1 **바바루아 반죽을 만든다.** 작은 냄비에 우유와 그래뉴당, 바닐라빈을 넣고 끓어오르기 직전까지 가열한다.

2 볼에 달걀노른자와 그래뉴당을 넣고 하얗게 될 때까지 섞은 다음 **1**을 넣고 섞는다. 체로 걸러서 냄비에 넣은 다음 중간 불에 올려놓고 잘 저으면서 끓이다가 끈적거리는 상태가 되면 불을 끄고 젤라틴을 넣어 녹인다.

3 생크림은 폭신하게 부풀 때까지 거품을 낸다. **2**의 냄비 바닥에 얼음물을 받치고 휘저으면서 식히다가 끈적거리는 상태가 되면 생크림을 넣고 섞은 다음 링에 부어 냉장고에서 굳힌다(a).

4 **캐러멜 크림을 만든다.** 작은 냄비에 그래뉴당과 물을 넣고 중간 불에서 끓이다가 홍차 색으로 변하면 생크림을 넣어 섞은 후에(b), 볼에 넣어 냉장고에서 식힌다. 다 식으면 핸드믹서로 선을 그려 자국이 남을 때까지 거품을 내고 작은 별 모양 깍지를 끼운 짤주머니에 넣는다.

5 바바루아가 다 굳으면 링에서 꺼낸다. 뜨거운 물에 행주를 담갔다가 짠 다음 링에 감아서 데워 떨어지면(c) 접시에 담는다. **4**의 캐러멜 크림을 짜고(d) 체리로 코를 만들어 붙이고 초코펜으로 눈과 귀를 만들어 붙인다(14페이지 참조).

스펀지를 넣은 링에 바바루아 반죽을 붓는다.

그래뉴당이 끓어서 홍차 색으로 변하면 생크림을 넣고 섞는다.

링 둘레에 뜨거운 행주를 감아서 반죽을 녹여 떼어낸다.

작은 별 모양 깍지로 캐러멜 크림을 바바루아 전체에 짠다.

멧돼지 가족 케이크
Pig and Piglet Cake

녹차 바바루아

┌ 녹차가루 1큰술
│ 뜨거운 물 2큰술
│ 우유 200ml
│ 달걀노른자 2개
│ 그래뉼당 60g
│ ┌ 가루젤라틴 10g
│ └ 물 3큰술
└ 생크림 180ml

코코아 스펀지 시트
(41페이지 참조) .... 적당량
┌ 가루타입 휘핑크림 3컵
│ 코코아 .... 1~2큰술
└ 초코펜(검정, 갈색, 분홍색) ...... 적당량
녹차가루 .... 적당량
장식용 과일(딸기, 멜론, 키위 등)... 적당량
세르피유(또는 파슬리) .... 적당량

바바루아 밥죽 위에 스펀지를 올리고
살짝 누른 다음 냉장고에서 굳힌다.

바바루아 위에 녹차가루를 뿌리고 둥근
모양 깍지로 멧돼지 가족을 짠다.

밑 준비

● 가루젤라틴을 물에 넣고 잘 섞어서 불려 놓는다.
● 코코아 스펀지 시트를 파운드 틀에 맞춰 잘라 둔다.

만드는 법

1 **녹차 바바루아를 만든다.** 녹차가루는 뜨거운 물에 녹여 페이스트 상태로 만들고, 우유를 넣고 끓어오르기 직전까지 끓여 둔다.

2 볼에 달걀노른자와 그래뉼당을 넣고 하얗게 될 때까지 섞은 다음 1을 넣고 다시 섞는다. 체로 걸러서 냄비에 넣은 다음 중간불로 휘저으면서 끓이다가 끈적거리는 형태가 되면 불을 끄고 젤라틴을 넣어 녹인다.

3 생크림은 푹신해질 때까지 거품을 낸다. 2의 냄비 아래에 얼음물을 받치고 섞어 가면서 식히다가 끈끈해지면 생크림을 넣고 섞은 다음 파운드 틀에 붓는다.

4 코코아 스펀지 시트를 위에 올려 살짝 누르고(a) 냉장고에서 굳힌다.

5 4의 틀에 뜨거운 물에 적신 수건을 감아 바바루아를 떼어내 접시에 담고 그 위에 차 거름망을 사용해 녹차가루를 뿌린다.

6 코코아를 섞은 휘핑크림을 만들어 10mm 크기의 둥근 모양 깍지로 케이크 위에 5개 정도 가늘고 긴 크림을 짜고 15mm 크기의 둥근 모양 깍지로 큰 크림 하나를 짠다(b).

7 초코펜으로 만든 멧돼지의 코와 귀, 꼬리와 눈을 붙이고 몸통의 무늬를 그린다 (14페이지 참조). 둘레에 딸기와 키위, 세르피유로 장식한다.

초간단 휘핑크림

과자를 처음 만드는 사람이 휘핑크림을 만들 때는 크림이 분리되기 쉽습니다. 이럴 때는 가루 타입의 휘핑크림을 써 보세요. 차가운 물을 넣고 섞기만 해도 분리되지 않고 맛있는 휘핑크림이 완성됩니다.

산타 크리스마스 케이크

Santa Claus Christmas Cake

기본 스펀지 시트

...................1개(35페이지 참조)

초콜릿 크림

┌ 생크림 300ml
│ 초콜릿 시럽 5큰술
└ 코코아 2큰술
딸기................................... 1팩

딸기 산타

┌ 딸기 3개
│ 휘핑크림 .... 적당량
└ 초코펜(갈색, 분홍색) .... 적당량

만드는 법

1 스펀지 시트는 길게 4등분한다.

2 **초콜릿 크림을 만든다.** 볼에 생크림, 초콜릿 시럽, 코코아를 넣고 섞은 다음 얼음물을 받치고 폭신하게 부풀 때까지 거품을 낸다.

3 스펀지 시트에 초콜릿 크림을 바르고 얇게 썬 딸기를 올린다(a).

4 케이크를 접시 위에 올리고 빙글빙글 감는다(b).

5 이 과정을 반복해서 케이크 본체를 만들고 옆면에 초콜릿 크림을 바른다(c).

6 **딸기 산타를 만든다.** 딸기는 꼭지를 떼어내고 가로로 반을 자른다. 딸기 위에 15mm 크기의 둥근 모양 깍지를 끼운 짤주머니에 휘핑크림을 넣고 짜서 얼굴을 만든다(d). 작은 별 모양 깍지를 끼운 짤주머니로 딸기의 뾰족한 부분과 절단면에 휘핑크림을 짜서 모자를 만들고 얼굴 위에 올린다. 수염을 짜고 초코펜으로 얼굴을 그려 케이크 위에 올린다.

스펀지 시트에 초콜릿 크림을 바르고 얇게 썬 딸기를 올린다.

접시 위에서 초콜릿 크림을 바른 스펀지를 감는다.

완성한 케이크 본체 옆면에 초콜릿 크림을 구석구석 바른다.

꼭지를 떼고 가로로 반을 자른 딸기에 휘핑크림을 짜서 얼굴을 만든다.

악어 슈크림
Crocodile Cream Puffs

재 료 (8개 분량)

슈 반죽

- 물 60ml
- 무염버터 40g
- 소금 .... 조금
- 박력분 45g
- 달걀 .... 2~2½개

아몬드슬라이스 .... 적당량

커스터드 크림

- 우유 200ml
- 바닐라빈 .... 조금
- 달걀노른자 2개
- 그래뉴당 60g
- 박력분 20g
- 생크림 50ml

초코펜(갈색, 흰색) .... 적당량

밑 준비

- ●박력분은 2번 체 쳐 놓는다.
- ●바닐라빈을 꺼내 놓는다.
- ●오븐을 190℃로 예열한다.

만드는 법

1 **슈 반죽을 만든다.** 냄비에 물과 버터, 소금을 넣고 약한 불에서 끓인다. 끓어오르면 체 친 박력분을 한 번에 넣고(a) 나무주걱으로 섞는다. 약한 불에서 섞다가 냄비 바닥에 얇은 막이 끼면 불에서 내려놓는다.

2 푼 달걀을 조금씩 넣어 가며 나무주걱으로 꼼꼼하게 섞는다(b).

3 나무주걱으로 떴을 때 반죽이 삼각형으로 길게 떨어질 정도(c)의 농도가 되었으면 코르네에 반죽을 조금 넣고 나머지는 15mm 크기의 둥근 모양 깍지를 끼운 짤주머니에 넣는다.

4 종이호일을 깐 오븐 팬에 반죽을 악어 모양으로 8개 짜고 코르네로 발을 짠 다음(d), 아몬드슬라이스를 등 부분에 끼운다.

5 반죽 위에 분무기로 물을 뿌리고 190℃ 오븐에서 20분 구운 다음 다시 한 번 170℃에서 15~20분을 굽고 그대로 두어 남은 열로 건조한다. 굽는 동안에는 절대로 오븐을 열지 않는다. 오븐을 열면 오븐 안의 온도가 내려가 제대로 부풀어 오르지 않으므로 주의한다.

6 **커스터드 크림을 만든다.** 냄비에 우유와 바닐라빈을 넣고 끓어오르기 직전까지 끓인다. 볼에 달걀노른자와 그래뉴당을 넣고 하얗게 될 때까지 섞는다. 여기에 박력분, 따뜻한 우유 순서로 넣고 섞은 다음 체로 걸러서 냄비에 넣는다. 냄비를 중간불로 가열하고 나무주걱으로 저으면서 끓인다. 매끈하게 윤기가 나면 불을 끄고 스테인리스 쟁반에 담아 랩을 씌워서 냉장고에서 식힌다.

7 다 식으면 거품을 낸 생크림과 섞은 다음 둥근 모양 깍지를 끼운 짤주머니에 넣는다.

8 구운 슈의 바닥에 모양 깍지를 끼워 구멍을 내고 크림을 짜 넣는다(e). 초코펜으로 얼굴을 그린다.

박력분을 한 번에 넣고 나무주걱으로 섞는다.

푼 달걀을 조금씩 넣어 가면서 나무주걱으로 구석구석 섞는다.

반죽이 삼각형으로 길쭉하게 떨어질 때까지 농도를 맞춘다.

몸통은 짤주머니로 다리는 코르네로 짠다.

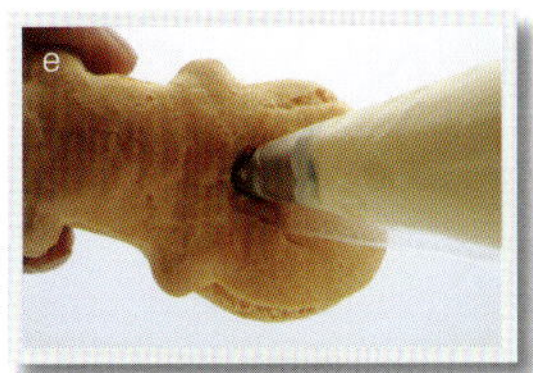

구운 슈 아래쪽에 모양 깍지로 구멍을 뚫고 크림을 짜 넣는다.

컵 안에 펼쳐지는 아름다운 시간

디자인 카푸치노

Specialty Cappuchinos

바리스타가 카푸치노 위에 그려 준 그림을 보면 쉽게 따라 할 수 있을 것 같다는 생각이 들지만,
막상 해보면 생각처럼 우유 거품이 잘 나지 않습니다.
미니 전동거품기를 써 봐도 조금만 잘못하면 거친 거품만 가득……
아는 바리스타에게 물어보니 업소용 기계가 아니면
벨벳처럼 부드러운 우유 거품은 잘 나지 않는다고 합니다.
그래서 누구나 쉽고 예쁘게 그릴 수 있는 디자인 카푸치노 만드는 법을 연구해 보았습니다!

이름을 붙이자면 '심플 디자인 카푸치노!'

컵에 에스프레소를 내리고 따뜻한 우유를 컵의 80%까지 조심조심 따릅니다.
그 위에 묽게 거품을 낸 생크림과 초콜릿 시럽으로 그림을 그리면 끝!
생크림이 너무 단단해지지 않도록 거품을 조금만 낸 다음
부드러운 액체 상태일 때 재빨리 그리는 것이 포인트입니다.
초콜릿 시럽은 코르네에 넣어 사용하면 작은 그림까지 깔끔하게 그릴 수 있습니다.
지금 바로 도전해 보세요!

시원한 스마일 디저트
Cute Cold Sweets

매끈한 촉감이 기분 좋은 차가운 디저트. 더운 계절에
먹어도 좋지만 추운 겨울에 따뜻한 방 안에서 먹으면 특
별한 맛을 즐길 수 있습니다. 건강에 좋은 한천과 시중
에서 파는 아이스크림을 이용해 보기만 해도 시원한 디
저트를 만들어 보았습니다. 누구나 쉽게 만들 수 있으니
귀여운 디저트를 직접 만드는 즐거움을 느껴 보세요.

두 가지 맛 젤리를 동그란 틀로 찍어 만든
동물 젤리
Animal jelly

돼지 딸기 밀크 젤리

재 료 (4인분)

우유	500ml
가루한천	2g
설탕	50g
딸기	300g
레몬즙	1작은술
설탕	60g
물	200ml
가루한천	2g
연유	2큰술
딸기(코, 뺨, 모자)	적당량
초코펜(갈색, 분홍색)	적당량
키위(리본)	적당량

만드는 법

1 냄비에 우유와 가루한천을 넣고 저으면서 끓인다. 끓어오르면 불을 약하게 줄여 2분 정도 더 끓인 다음 설탕을 넣어 녹여 스테인리스 쟁반(21×27cm)에 붓고 식힌다.

2 딸기는 씻어서 꼭지를 따고 레몬즙, 설탕과 함께 믹서로 간다.

3 냄비에 물과 가루한천을 넣고 휘저으면서 가열한다. 끓으면 불을 약하게 줄이고 2분 정도 더 끓여 연유를 넣고 잘 섞는다. 2 를 넣고 1 위에 부어 냉장고에서 굳힌다.

4 10cm 크기의 원형 링으로 젤리 4개를 찍어 접시에 올리고 작은 원형 링으로 반달 모양의 귀를 만들어 얼굴에 붙인다. 딸기로 모자, 코, 귀를 만들고 초코펜으로 눈과 입, 콧구멍을 그린다. 키위로 리본을 만들어 붙인다.

굳은 젤리를 크고 작은 원형 링으로 찍어 얼굴을 만들고 딸기로 뺨과 코를 만든 다음 초코펜으로 눈과 입과 콧구멍을 그린다.

호랑이 망고 젤리

재 료 (4인분)

우유	400ml
코코넛밀크	100ml
가루한천	2g
설탕	50g
물	100ml
가루한천	2g
망고 주스(과즙 100%)	400ml
설탕	2~3큰술
휘핑크림	적당량
초코펜(갈색)	적당량

만드는 법

1 냄비에 우유와 코코넛밀크, 가루한천을 넣고 휘저어가면서 가열한다. 끓으면 약한 불로 줄이고 약 2분 정도 더 끓인 다음 설탕을 넣어서 녹여 스테인리스 쟁반(21×27cm)에 부어 식힌다.

2 냄비에 물과 가루한천을 넣고 저으면서 가열한다. 끓으면 약한 불로 줄이고 1 위에 부은 다음 냉장고에서 굳힌다.

3 10cm 크기의 원형 링으로 젤리 4개를 찍어서 접시 위에 올리고 작은 원형 링으로 귀를 찍어서 만든다. 귀에 휘핑크림(만드는 법은 14페이지에)을 짜고 초코펜으로 얼굴과 무늬를 그린다.

굳은 젤리를 원형 링으로 찍어서 얼굴을 만들고 귀에 휘핑크림을 짜고 초코펜으로 얼굴과 무늬를 그린다.

코끼리 포도 젤리

재 료 (4인분)

우유	500ml
가루한천	2g
설탕	50g
물	200ml
가루한천	2g
포도 주스(과즙 100%)	300ml
설탕	40g
휘핑크림	적당량
식용색소(보라색)	조금
초코펜(흰색, 갈색)	적당량

만드는 법

1 냄비에 우유와 가루한천을 넣고 뒤섞으면서 가열한다. 끓어오르면 불을 줄여 약한 불에서 2분 정도 더 끓여 설탕을 넣고 녹인 다음 스테인리스 쟁반(21×27cm)에 부어 식힌다.

2 냄비에 물과 가루한천을 넣고 섞으면서 가열한다. 끓으면 약한 불로 줄여서 2분 정도 더 끓인 다음 포도 주스와 설탕을 넣고 1 위에 부어서 냉장고에서 굳힌다.

3 10cm 크기의 원형 링으로 4개를 찍어내 접시에 담고 작은 원형 링으로 초승달 모양의 귀를 만들어 얼굴에 붙인다. 휘핑크림에 물에 녹인 보라색 식용색소를 넣어 색을 만든 다음 둥근 모양 깍지를 끼운 짤주머니에 넣고 짜서 코와 눈을 만들고 초코펜으로 눈과 코의 주름을 그린다.

굳은 젤리를 원형 링으로 찍어내 얼굴을 만들고 휘핑크림과 초코펜으로 눈과 코를 그린다.

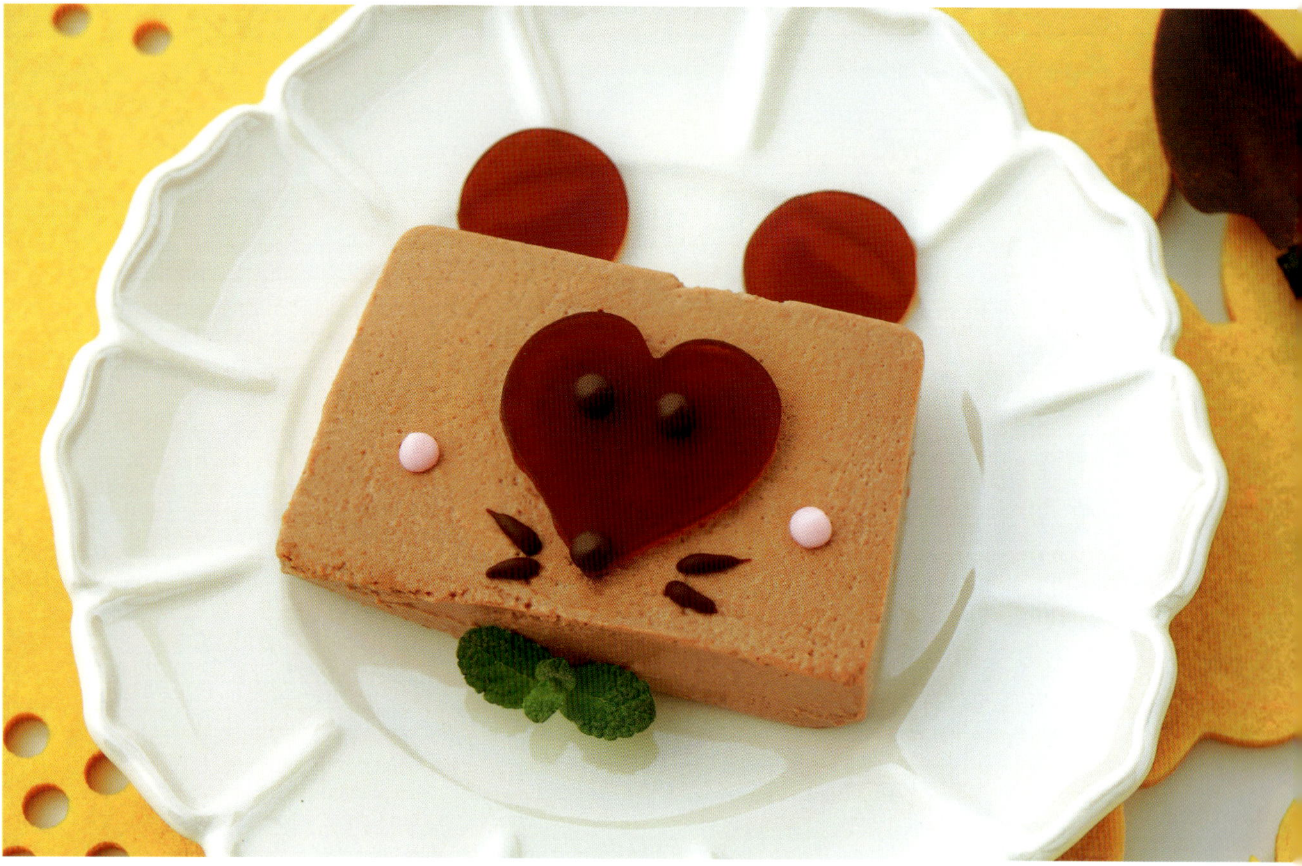

단것을 싫어하는 사람도 좋아할 만한

너구리 초콜릿 바바루아

Raccoon Chocolate Babaloa

만드는 법 (10개 분량)

- 제과용 초콜릿 100g
- 우유 2큰술
- 우유 300g
- 가루한천 3g
- 달걀노른자 3개
- 그래뉼당 40g
- 브랜디 1작은술
- 생크림 200ml

커피 젤리

- 물 150ml
- 가루한천 1g
- 설탕 1큰술
- 인스턴트 커피 1큰술

초코펜(갈색, 분홍색) .... 적당량

민트 .... 조금

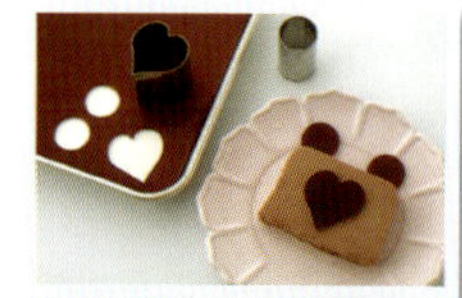

2cm 폭으로 자른 초콜릿 바바루아 위에 하트와 원형 틀로 찍어낸 커피 젤리를 올려 얼굴을 만든다.

재 료

1 **초콜릿 바바루아를 만든다.** 내열 용기에 잘게 썬 제과용 초콜릿과 우유를 넣고 랩을 씌워 전자레인지(500W)에서 약 50초간 돌린다. 랩을 벗기고 잘 섞어서 녹인다.

2 냄비에 우유와 가루한천을 넣고 뒤섞으면서 가열한다. 끓어오르면 불을 약하게 줄이고 약 2분 정도 더 끓인다.

3 볼에 달걀노른자와 그래뉼당을 넣고 섞는다. 하얗게 부풀어 오르면 2의 뜨거운 우유를 조금씩 넣어 가면서 거품기로 잘 섞는다. 냄비에 넣고 약한 불로 끈적거릴 때까지 끓인 다음 불에서 내려놓는다. 1에 브랜디를 넣고 섞는다.

4 3이 식어서 끈적거리면 걸쭉하게 거품을 낸 생크림을 넣고 섞은 다음 틀(8×21cm 파운드 틀)에 붓고 냉장고에서 굳힌다.

5 커피 젤리를 만든다. 냄비에 물과 가루한천을 넣고 뒤섞으면서 가열한다. 끓으면 약한 불로 바꾸고 약 2분 정도 더 가열한 다음 설탕과 인스턴트 커피를 넣어 스테인리스 쟁반(17cm×24cm)에 붓고 냉장고에서 굳힌다.

6 굳은 초콜릿 바바루아를 틀에서 떼어내 2cm 폭으로 잘라 접시에 올린다. 커피 젤리를 하트 모양 틀로 찍어내 바바루아 중앙에 올리고 초코펜으로 얼굴을 그린다. 귀는 원형 틀로 찍어내 붙인다.

아이스크림이 녹아 맛있는 소스로 변하는

고양이 커피 젤리 ✳

Kitty Coffee Agar Dessert

만드는 법 (4인분)

┌ 물	100ml
└ 가루한천	2g
에스프레소(또는 진한 커피)	400ml
초코펜(갈색, 주황색, 분홍색)	적당량
민트	조금

재 료

[1] 냄비에 물과 가루한천을 넣고 휘저으면서 가열하다가 끓으면 약한 불로 줄이고 약 2분 정도 더 끓인다. 에스프레소를 넣은 다음 잘 섞어서 그릇에 부어 냉장고에서 굳힌다.

[2] 작은 스테인리스 쟁반을 뒤집어서 랩을 씌우고 주황색 초코펜으로 고양이의 귀를 8개 만들어 놓는다(14페이지 참조).

[3] 굳은 커피 젤리를 스푼으로 잘게 부수어서 그릇에 담는다.

[4] 아이스크림을 스쿱으로 퍼서 커피 젤리 위에 올리고 초코펜으로 만든 귀를 꽂은 다음 얼굴과 무늬를 그린다.

❗ 간편하고 몸에 좋은 가루한천 !

한천은 식물섬유가 듬뿍 들어 있고 열량도 거의 없습니다. 또한 맛과 향이 없어서 다른 재료의 향이나 본연의 맛을 해치지도 않습니다. 건강관리나 다이어트를 위해 매일 먹으면 좋은 식품입니다. 가루한천은 조금만 넣어도 잘 굳어서 맛에 큰 영향을 미치므로 맛있는 디저트를 만들기 위해서는 양을 정확하게 재야 합니다. 0.1g까지 표시되는 저울을 사용하면 정확한 양을 잴 수 있어서 편리하지만, 세밀한 양까지 잴 수 있는 저울이 없을 때는 1작은 술 = 약 2g(사진)을 기준으로 하면 됩니다.

간단 쿡(이나식품공업주식회사
(伊那食品工業株式會社),

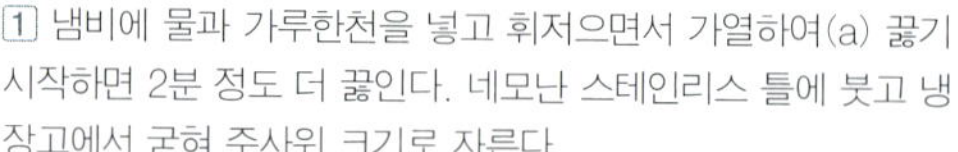

귀여운 경단과 과일이 가득한 호화로운 디저트

바다표범 파르페
Seal Mitsumame Parfait

만드는 법 (4인분)

- 물 500ml
- 가루한천 4g
- 경단가루 100g
- 물 .... 약 90ml
- 초코펜(갈색) .... 적당량
- 검정깨 16알
- 좋아하는 과일(딸기, 파인애플, 키위 등)
  .... 적당량
- 아이스크림(바닐라, 녹차) .... 적당량
- 빙수용 팥 .... 조금
- 꿀 .... 적당량

1 냄비에 물과 가루한천을 넣고 휘저으면서 가열하여(a) 끓기 시작하면 2분 정도 더 끓인다. 네모난 스테인리스 틀에 붓고 냉장고에서 굳혀 주사위 크기로 자른다.

2 경단가루는 물을 조금씩 넣어 가면서 귓볼 정도로 말랑하게 반죽해 8등분한다. 소량의 반죽을 덜어내 바다표범의 가슴지느러미를 한 마리에 두 개씩 만든다. 남은 반죽을 바다표범 모양으로 둥글게 빚은 다음 가슴지느러미를 달고 꼬리에는 가위집을 넣는다(b).

3 반죽을 끓는 물에 삶아서 떠오르면 건져 찬물에 헹군다. 물기가 빠지면 초코펜으로 얼굴을 그리고 검정깨를 붙인다.

4 과일을 한입 크기로 잘라 한천과 함께 그릇에 담는다. 아이스크림과 팥을 올리고 꿀을 뿌린 다음 바다표범으로 장식한다.

가루한천은 반드시 물에 넣고 가열하여 뒤섞어 가면서 녹인다.

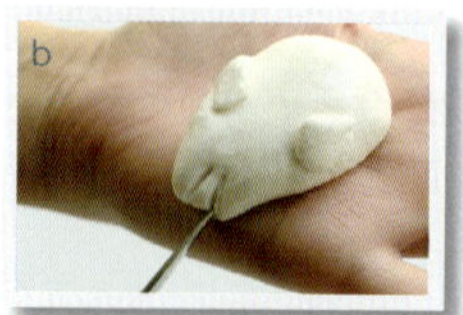

경단 반죽을 바다표범 모양으로 둥글게 빚어 가슴지느러미를 붙이고 꼬리에 가위집을 넣는다.

테디베어 캐러멜 푸딩 ✴
Teddy Bear Flan

만드는 법 (5개 분량)

┌ 설탕	80g
│ 물	1작은술
└ 뜨거운 물	4작은술
┌ 우유	400ml
└ 가루한천	2g
┌ 달걀노른자	2개
└ 설탕	30g
생크림	100ml
바닐라빈(또는 바닐라에센스)	조금
휘핑크림	적당량
초코펜(갈색, 분홍색)	적당량
좋아하는 과일	적당량

재료

1 캐러멜 소스를 만든다. 작은 냄비에 설탕과 물을 넣고 끓여 녹인다. 색깔이 홍차색으로 변하면 냄비 아래에 찬물을 대고 뜨거운 물을 넣는다.

2 푸딩을 만든다. 냄비에 우유와 가루한천을 넣고 뒤섞으면서 가열한다. 끓어오르면 약한 불로 줄이고 2분 정도 더 끓인다.

3 볼에 달걀노른자와 설탕을 넣고 섞어서 하얗게 부풀어 오르면 뜨거운 2를 조금씩 넣어 가면서 거품기로 섞는다. 생크림, 바닐라빈, 캐러멜 소스(반만)를 넣고 섞는다. 가는 체로 걸러 틀에 붓고 냉장고에서 굳힌다.

4 틀을 뒤집어서 접시 위에 푸딩을 올리고 입 부분에 휘핑크림을 짠 다음 초코펜으로 얼굴을 그린다. 초코펜으로 만들어 놓은 귀(14페이지 참조)를 꽂고, 과일로 나비넥타이를 만들어 붙인다. 남은 캐러멜 소스를 뿌린다.

돌고래 양갱 ✦
Dolphin Bean Paste Agar Dessert

만드는 법 (각각 5개 분량)

양갱

- 물 250ml
- 가루한천 2g
- 설탕 50g
- 적앙금 150g
- 물 50ml
- 칡가루 2작은술
- 소금 .... 조금

초코펜(갈색, 녹색) .... 적당량
마시멜로(흰색) .... 적당량

※ 녹차 양갱을 만들 때 칡가루 대신

- 백앙금 150g
- 녹차가루 1작은술
- 뜨거운 물 2큰술

마시멜로우 위에 초코펜으로 눈을 그려서 붙이면 흘러내리지 않는다.

틀에서 꺼낸 양갱에 빨대를 꽂아 공기구멍을 만든다.

① 냄비에 물과 가루한천을 넣고 뒤섞어 가면서 가열한다. 끓어오르면 불을 약하게 줄이고 2분 정도 더 끓인다.

② 설탕을 넣어 녹인 다음 적앙금(녹차 양갱은 백앙금), 물에 녹인 칡가루, 소금을 넣고 섞는다(녹차가루를 쓸 때는 녹차가루를 먼저 뜨거운 물에 녹인 것을 사용).

③ 반죽이 투명해지면 불을 끄고 냄비 바닥에 얼음물을 받친 후에 섞으면서 식힌다. 끈적거리면 레몬 모양 틀에 붓고 냉장고에 넣어 굳힌다.

④ 작은 스테인리스 쟁반을 뒤집어 랩을 씌우고 초코펜으로 돌고래의 꼬리지느러미와 가슴지느러미, 등지느러미를 만든다. 하얀 마시멜로를 얇게 잘라 빨대로 찍은 다음 초코펜으로 눈을 그려 놓는다(a).

※ 초코펜을 양갱에 바로 그리면 양갱의 수분 때문에 미끄러지지만 마시멜로에 그려서 붙이면 흘러내리지 않는다.

⑤ 양갱이 굳었으면 틀에서 꺼내 접시에 올린 다음 등에 빨대를 찍어서 공기구멍을 만들고(b) 지느러미와 입, 눈을 붙인다.

고소하게 퍼져 나가는 참깨의 향

햄스터 판나코타
Hamster Panna Cotta

재 료 （4개 분량）

┌ 우유	....	300ml
│ 생크림	....	50ml
│ 가루한천	....	2g
│ 설탕	....	40g
└ 참깨 페이스트	....	1큰술
아마낫토	....	2큰술
초코펜(갈색)	....	적당량
휘핑크림	....	적당량
크래커(귀)	....	8개

만드는 법

1. 냄비에 우유와 생크림, 가루한천을 넣고 섞어 가면서 가열하다가 끓어오르면 불을 약하게 줄이고 2분 정도 더 끓인다. 설탕, 참깨 페이스트를 넣고 섞은 다음 불을 끈다.

2. 냄비 바닥에 얼음물을 받치고 식혀 끈적거리는 상태가 되면 컵에 붓는다. 살짝 굳은 것 같으면 아마낫토를 뿌리고 냉장고에 넣어 굳힌다(a).

3. 작은 스테인리스 쟁반을 뒤집어 랩을 씌우고 초코펜으로 햄스터의 눈과 코, 수염을 만들어 놓는다.

4. 굳은 2를 접시에 뒤집어 담고 머리에 휘핑크림을 짠 다음 크래커 귀를 꽂는다. 초코펜으로 만들어 놓은 눈과 코, 수염을 붙인다(b).

한천액이 조금 굳었을 때 아마낫토를 뿌린다.

초코펜으로 만들어 놓은 귀, 코, 수염을 붙인다.

동물 아이스크림
Animal Ice Cream

돼지 아이스크림

재 료 (2개 분량)

딸기 아이스크림	2스쿱
딸기(코, 뺨)	적당량
마시멜로(귀)	2개
아이스크림용 콘과자	2개
초코펜(갈색, 분홍색)	적당량

만드는 법

1 **부위를 만든다.** 코는 딸기를 얇게 잘라서 분홍색 초코펜으로 구멍을 그린다. 뺨은 딸기 표면을 얇게 깎아 만든다. 귀는 마시멜로를 뾰족하게 오린다.

2 아이스크림을 스쿱으로 떠서 콘과자 위에 올린다. 귀와 코, 뺨을 붙이고 초코펜으로 눈과 입을 그린다.

젖소 아이스크림

재 료 (2개 분량)

럼레이즌 아이스크림	2스쿱
크래커(코)	2개
딸기(뺨)	2개
아이스크림용 콘과자	2개
캐슈너트	4개
초코펜(갈색, 노란색, 분홍색)	적당량

만드는 법

1 **부위를 만든다.** 코는 크래커에 분홍색 초코펜으로 구멍을 그린다. 귀는 작은 스테인리스 쟁반을 뒤집어 랩을 씌우고 노란색 초코펜으로 4개를 만든다(14페이지 참조). 뺨은 딸기를 얇게 잘라 만든다.

2 아이스크림을 스쿱으로 떠서 콘과자 위에 올린다. 귀와 캐슈너트(뿔)를 꽂고 코와 뺨을 붙인 다음 초코펜으로 눈과 입을 그린다.

강아지 아이스크림

재 료 (2개 분량)

바닐라 아이스크림	2스쿱
딸기(뺨)	2개
아이스크림용 콘과자	2개
아마낫토	4개
초코펜(갈색)	적당량
민트	2개

만드는 법

1 딸기는 뺨용으로 얇게 잘라 놓는다.

2 아이스크림을 스쿱으로 떠서 콘과자 위에 올린다. 아마낫토와 딸기를 붙여 귀와 뺨을 만들고 초코펜으로 눈, 코, 입을 그린다. 머리에 민트를 올려 장식한다.

곰

토끼

개구리

장식을 바꾸기만 해도 귀여운 동물을 다양하게 만들 수 있습니다. 과일이나 시중에서 파는 과자를 사용하기 때문에 어렵지도 않습니다.
울거나 웃거나 화내는 다양한 표정을 초코펜으로 자유롭게 그려보세요. 귀여운 아이스크림을 직접 만드는 즐거움을 느낄 수 있습니다.

딸기의 향과 달콤한 맛이 입안 가득 퍼지는

오뚝이 딸기 셔벗

Dharma Strawberry Sorbet

재 료 (만들기 쉬운 분량)

딸기	400g
설탕	100g
레몬즙	1큰술
마시멜로	5~6개
초코펜(갈색, 녹색)	적당량

만드는 법

1. 딸기는 씻어서 꼭지를 따고 설탕, 레몬즙과 함께 믹서에 간 다음 스테인리스 쟁반에 부어서 냉동실에서 얼린다.

2. 다 얼었으면 적당한 크기로 자른 다음 푸드프로세서로 갈아 다시 냉동실에서 잠깐 얼린다. 푸드프로세서가 없을 때는 얼기 시작할 때 꺼내서 포크로 섞는다. 이 과정을 여러 번 반복해서 부드러운 셔벗을 만든다(63페이지 참조).

3. 마시멜로는 양끝을 얇게 잘라 초코펜으로 오뚝이의 얼굴을 그려 놓는다(a).

4. 완성한 셔벗을 아이스크림 스쿱으로 떠서 접시에 올리고 마시멜로를 끼워 넣을 위치를 작은 스푼으로 파낸다(b). 마시멜로를 끼워 넣고 좋아하는 색의 초코펜으로 '福' 자를 쓴다.

마시멜로를 얇게 잘라 초코펜으로 얼굴을 그린다.

마시멜로를 끼워 넣을 위치를 스푼으로 파낸다.

병아리 & 엄마 닭 빙수

Hen and Chicks Frappe

병아리 빙수

재 료 (4개 분량)

말린 망고(부리) .... 적당량
얼음... 적당량
레몬 시럽 .... 적당량
초코펜(갈색, 노란색) .... 적당량
꽃모양 과자(날개) .... 노란색 8개

만드는 법

1 말린 망고는 부리 모양으로 잘라 초코펜으로 구멍을 그린다.

2 그릇에 갈은 얼음을 넣고 레몬 시럽을 뿌린다. 부리를 꽂고 초코펜으로 눈을 그린다. 꽃 모양 과자를 올려 날개를 만든다.

엄마 닭 빙수

재 료 (4개 분량)

말린 망고(부리) .... 적당량
얼음... 적당량
딸기 시럽 .... 적당량
딸기(볏) .... 적당량
초코펜(갈색, 노란색) .... 적당량
꽃모양 과자(날개) .... 분홍색 8개

만드는 법

1 말린 망고를 부리 모양으로 잘라 노란색 초코펜으로 구멍을 그린다.

2 그릇에 딸기 시럽을 듬뿍 깔고 갈은 얼음을 넣는다. 부리를 꽂고 반으로 자른 딸기를 머리와 부리 아래에 붙인다. 초코펜으로 눈을 그리고 과자를 보기 좋게 올린다.

털보 아저씨 셔벗

Mr. Mustache Cool Sorbet

레몬 셔벗


```
┌ 레몬 ....................................5~6개
│ 시럽
│  ┌ 물 ................................ 300ml
│  └ 설탕 ............................. 120g
민트.......................................2~3개
말린 블루베리 ....................... 적당량
양갱(수염).............................. 적당량
```

만드는 법

1 레몬은 씻어서 셔벗을 담아 세워 놓을 수 있도록 꼭지 부분을 조금 자르고(a), 위에서 5분의 1 정도 지점을 가로로 자른다. 과즙을 짜고 안쪽을 파내서 냉동실에 얼려 놓는다.

2 냄비에 물과 설탕을 넣고 끓여 설탕이 녹았으면 불을 끄고 식힌다.

3 식힌 2에 과즙을 60ml 넣고 씻어서 잘게 썬 민트를 넣은 다음 스테인리스 쟁반에 담아 냉동실에서 얼린다(남은 레몬즙은 다른 음료나 요리에 사용).

4 얼린 셔벗을 적당한 크기로 잘라 푸드프로세서로 간다(b). 얼려 놓은 레몬 껍질에 담고 블루베리를 붙여 눈을 만든 다음 한 개씩 랩으로 싸서 다시 냉동실에 얼린다(c). 먹기 전에 양갱을 잘라 만든 수염을 붙인다.

레몬은 씻은 다음 셔벗을 담아 세워 놓을 수 있도록 꼭지를 조금 잘라낸다.

얼린 셔벗을 적당한 크기로 잘라 푸드프로세서로 간다.

얼린 껍질에 셔벗을 담고 블루베리로 눈을 붙여 한 개씩 랩으로 싸서 다시 냉동실에 얼린다.

라임 & 리치 셔벗


```
┌ 라임 .................................5~6개
│ 리치 주스 ........................ 300ml
└ 커피용 시럽 ..................... 5~6큰술
말린 블루베리 ....................... 적당량
양갱(수염).............................. 적당량
```

만드는 법

1 라임은 씻어서 셔벗을 담아 세워 놓을 수 있도록 꼭지 부분을 조금 자르고 위에서 5분의 1 정도 지점을 가로로 자른다. 과즙을 짜고 안쪽을 파내서 냉동실에 얼려 놓는다.

2 라임 과즙 100ml와 리치 주스, 커피용 시럽을 넣고 섞어 스테인리스 쟁반에 옮겨 담아 냉동실에서 얼린다(남은 라임 과즙은 다른 음료나 요리에 활용).

3 얼린 셔벗을 적당히 잘라 푸드프로세서로 간다. 얼린 라임 껍질에 셔벗을 담고 블루베리로 눈을 붙인 다음 한 개씩 랩으로 싸서 다시 냉동실에 얼린다. 먹기 전에 양갱을 잘라 만든 수염을 붙인다.

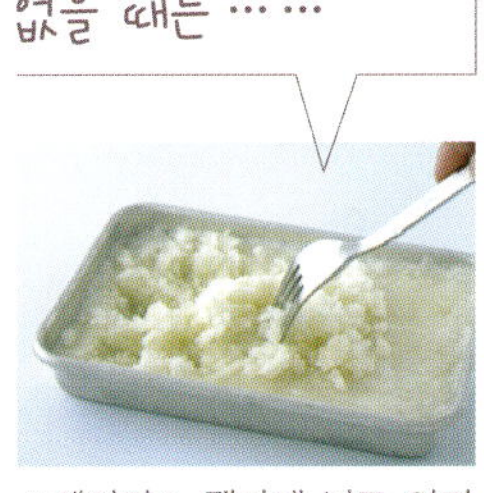

스테인리스 쟁반에 넣고 얼리는 도중 여러 차례 포크로 긁으면 부드러운 셔벗이 된다.

유자 셔벗


```
┌ 유자 ..............................큰 것 4개
│ 시럽
│  ┌ 물 ............................... 300ml
└  └ 설탕 ............................ 120g
말린 블루베리 ....................... 적당량
양갱(수염).............................. 적당량
```

만드는 법

1 유자는 씻어서 위에서 5분의 1 정도 지점을 가로로 자르고 껍질이 찢어지지 않도록 조심해서 과즙을 짠다. 속을 파내고 냉동실에 얼려 놓는다.

2 냄비에 물과 설탕을 넣고 끓여서 설탕이 녹았으면 불을 끄고 식힌다.

3 얼린 2에 유자 과즙 70ml를 넣고 스테인리스 쟁반에 옮겨 담아 냉동실에서 얼린다(남은 유자 과즙은 다른 요리에 활용).

4 얼린 셔벗을 적당한 크기로 잘라 푸드프로세서로 갈아서 얼려 놓은 껍질에 담는다. 블루베리로 눈을 붙이고 한 개씩 랩으로 싸서 다시 냉동실에 얼린다. 먹기 전에 양갱으로 만든 수염을 붙인다.

상쾌한 맛에 웃음은 보너스

스마일 스무디 ✦

Smiling Smoothie

재료를 얼려 만드는 스무디는 맛과 영양이 그대로 살아 있는 건강한 음료입니다.
시원하고 맛있는 과일 맛 스무디에 깜찍하게 장식한 아이스크림을
토핑으로 올린 스페셜 스무디를 만들어 보세요.
얼린 딸기나 망고와 같이 좋아하는 과일에 우유나 요거트,
시럽을 넣고 믹서로 갈아 유리잔에 담습니다.
그 위에 스쿱으로 뜬 아이스크림을 올리고 초코펜으로 자유롭게 그림을 그려 보세요.
곰이나 토끼, 돼지와 같은 귀여운 동물 얼굴도 좋고 가족이나 친구의 얼굴을 그려도 괜찮습니다.
상상력을 발휘해 다양한 스페셜 스무디를 만들어 보세요.

Part .3

폭신폭신한 일본 과자

Fluffy Japanese Sweets

할머니가 만들어 주는 만주는 어린 시절의 대표 간식이었습니다. 폭신하고 따뜻하게 찐 만주의 각별한 맛을 살려 다시 만들어 보니 어린 시절의 추억이 떠올라 마음까지 훈훈해집니다. 어려워 보이는 일본 과자지만 직접 만들어 보면 생각보다 쉽습니다. 일본 과자 만들기에 도전해 보세요.

막 쪄내서 따끈따끈한
동물 찐빵
Animal Bean Paste Buns
Darjeeling
Tea bag with tray
Easy, convenient and clever,
this tea bag rest frees you from trouble.
At home, in the office or anywhere,
enjoy fresh, delicious tea.
All you need is a cup and some hot water.

판다 찐빵

백앙금	150g
아마낫토	10개
찐빵믹스	250g
물	60~70ml
식용유	2작은술
초코펜(갈색, 흰색)	적당량
반죽용 밀가루(박력분)	적당량

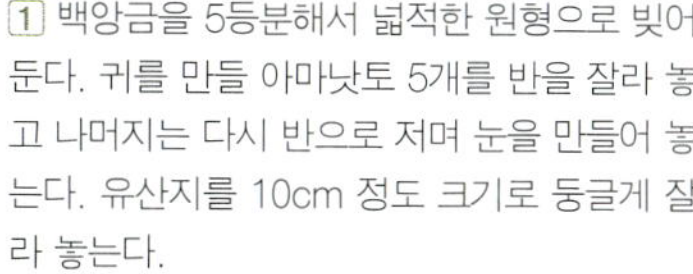

만드는 법

1 백앙금을 5등분해서 넓적한 원형으로 빚어 둔다. 귀를 만들 아마낫토 5개를 반을 잘라 놓고 나머지는 다시 반으로 저며 눈을 만들어 놓는다. 유산지를 10cm 정도 크기로 둥글게 잘라 놓는다.

2 찐빵믹스에 물과 식용유를 조금씩 넣어 가면서 귓불 정도로 말랑하게 반죽한다.

3 빚어 놓은 백앙금을 찐빵 반죽으로 싼 다음 유산지 위에 올려놓고 눈과 귀 위치에 아마낫토를 놓는다. 김이 나는 찜기에 약한 불로 12~15분 정도 찐다.

4 찐빵이 식었으면 유산지를 떼어내고 초코펜으로 얼굴을 그린다.

※ 반죽이 손에 달라붙어 모양을 내기 어려우면 박력분을 조금 묻혀 가며 빚는다. 유산지는 찌면 둥글게 말려 반죽에 달라붙으므로 찐빵 모양에 맞춰 미리 가위로 잘라 놓는다. 수분이 많거나 강한 불에서 찌면 찐빵 표면이 갈라지므로 주의한다.

돼지 찐빵

적앙금	150g
찐빵믹스	250g
물	60~70ml
식용유	2큰술
식용색소(빨간색)	조금
초코펜(갈색, 분홍색)	적당량
반죽용 밀가루(박력분)	적당량

만드는 법

1 적앙금을 5등분해서 납작한 원형으로 빚어 놓는다. 유산지를 10cm 정도 크기로 둥글게 잘라 놓는다.

2 찐빵믹스에 물과 식용유를 조금씩 넣어 가면서 귓불 정도로 말랑해질 때까지 반죽한다. 코를 만들 하얀 반죽을 조금 남겨두고 나머지 반죽에 물에 녹인 식용색소를 넣어서 분홍색으로 만든다.

3 앙금을 분홍색 찐빵 반죽으로 감싸 유산지 위에 올리고 귀는 하트 모양 틀로 찍어서 머리에 붙인다. 남겨두었던 하얀 반죽으로 코를 만들어 붙인다. 김이 올라오는 찜기에 넣어 약한 불에서 12~15분 정도 찐다.

4 다 식었으면 유산지를 떼어내고 초코펜으로 얼굴을 그린다.

병아리 찐빵

적앙금	150g
찐빵믹스	250g
물	60~70ml
식용유	2작은술
식용색소(노란색)	조금
초코펜(갈색, 주황색)	적당량
반죽용 밀가루(박력분)	적당량

만드는 법

1 적앙금을 5등분해서 달걀 모양으로 빚는다. 유산지를 10cm 정도 크기로 둥글게 잘라 놓는다.

2 찐빵믹스에 식용색소를 넣은 물과 식용유를 조금씩 넣어 가면서 귓불 정도로 말랑하게 반죽한다.

3 빚어 놓은 앙금을 찐빵 반죽으로 감싸 유산지 위에 올리고 날개는 하트 모양 틀로 찍어서 몸에 붙인다. 김이 올라오는 찜기에 넣고 약한 불에서 약 12~15분 정도 찐다.

4 식은 후에 유산지를 떼어내고 초코펜으로 눈과 부리를 그린다.

동물 찐빵을 잘 만들 수 있는 찐빵믹스

집에서도 만들 수 있는 고급스러운 화과자

백조 화과자

Japanese Swan Sweets

재 료 (4개 분량)

백앙금	300g
생크림	70ml
카스텔라	1/2조각
초코펜(흰색, 검은색, 노란색)	적당량

만드는 법

1. 카스텔라는 한입 크기로 자른다.
2. 작은 스테인리스 쟁반을 뒤집어 랩을 씌우고 하얀 초코펜으로 백조의 목을 그리고 눈과 부리를 붙인다.
3. 백앙금은 내열 용기에 넣어 펼쳐서 랩을 씌우지 않고 500W 전자레인지에서 1분 동안 가열한 다음 꺼내어 뒤섞고 다시 펼쳐서 1분 동안 가열한다. 백앙금의 수분이 날아가 푸석푸석해질 때까지 이 과정을 여러 번 반복한다.
4. 휘핑크림을 카스텔라에 바르고 남은 것은 백앙금과 섞는다.
5. 구멍이 큰 체로 4의 백앙금을 걸러내 소보로 형태로 만든다(a).
6. 카스텔라에 5를 붙여 동그란 모양으로 다듬는다(b).
7. 초코펜으로 만들어 놓은 목을 꽂는다.

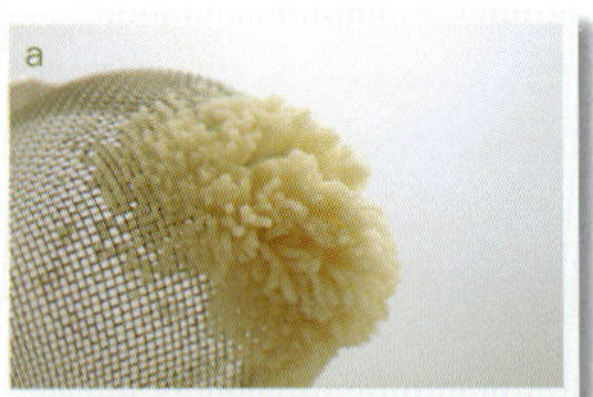

백앙금을 구멍이 큰 체로 걸러내 소보로 형태로 만든다.

소보로 형태의 백앙금을 카스텔라에 붙인다.

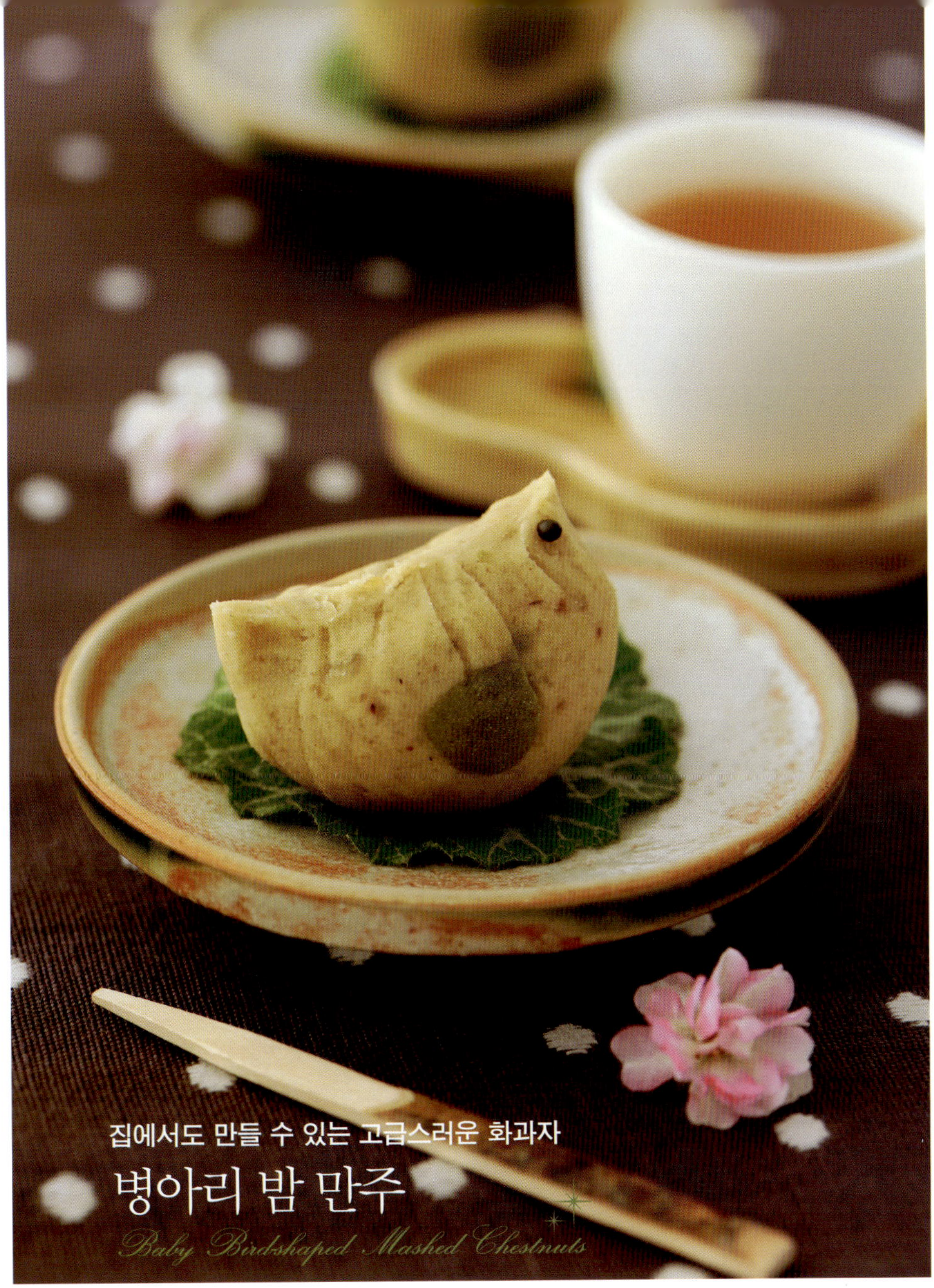

재 료 (4개 분량)

밤(쪄서 알맹이를 꺼낸 것)............ 200g
설탕..적당량
녹차가루....................................조금
뜨거운 물 ....조금
초코펜(갈색)..............................적당량

만드는 법

1 밤은 쪄서 반을 잘라 내용물을 스푼으로 떠서 꺼낸다. 절구에 넣어 잘 으깨서 냄비에 넣고 중간불로 가열한 다음 설탕을 넣고 섞는다. 밤 반죽이 보들보들해지면 불을 끈 다음 날개를 만들 분량을 조금 덜어서 뜨거운 물에 녹인 녹차가루를 섞는다. 나머지는 6등분한다.

2 물에 적셨다가 꽉 짠 무명천 또는 랩에 1을 올리고 날개 위치에 녹차가루를 섞은 밤을 놓고 병아리 모양이 되도록 천을 꽉 짠다.

3 초코펜으로 눈을 그린다.

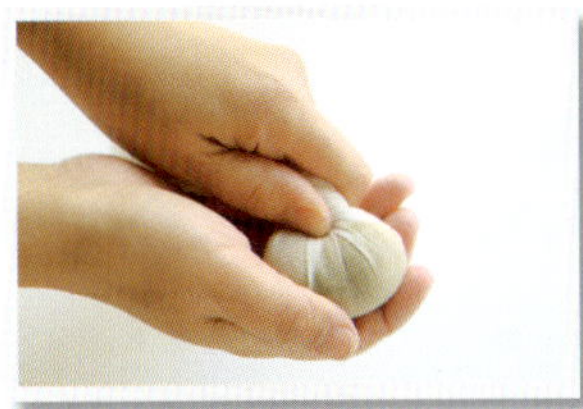

물에 적셔서 꽉 짠 무명천에 밤을 올리고 병아리 모양으로 짠다.

동물 만주 ✳
Animal Buns

시중에서 파는 만주를 사용해 동물
만주를 만들어 보세요.

만드는 법

1. 먼저 만주의 색을 보고 어떤 동물을
만들지 결정한다. 분홍색이면 돼지나
토끼, 갈색이면 곰이나 멧돼지와 같은
동물을 만든다.

2. 필요한 장식을 준비한다. 초코펜뿐
아니라 시중에서 판매하는 비스킷이나
쿠키, 마시멜로와 같은 다양한 재료의
크기와 모양을 응용해 붙인다.

※ 만주뿐 아니라 시중에서 판매하는
화과자도 옆으로 눕히거나 세워서 다
양한 동물을 만드는 데 응용할 수 있습
니다. 미리 그림으로 그려 보는 것도
좋은 방법입니다. 시중에서 파는 과자
를 사용하면 화과자를 직접 만들지 않
고도 손쉽게 귀여운 일본식 간식을 만
들 수 있습니다.

동물 카노코

Animal Kanoko

양 카노코

백앙금	100g
흰콩 아마낫토	120g
검은깨	8개
양갱(뿔)	조금
팥 아마낫토(다리)	16개

고슴도치 카노코

백앙금	100g
팥 아마낫토	60g
검은깨	12개

거북이 카노코

백앙금	100g
완두콩 아마낫토	80g
흰콩 아마낫토(머리)	4개
검은깨	8개
팥 아마낫토(다리)	16개

한천액
- 물 200ml
- 가루한천 2g
- 설탕 2큰술

만드는 법

1 양 카노코는 백앙금을 4등분해서 둥글게 빚은 다음 반으로 자른 흰콩을 겉에 붙인다. 양갱을 실 모양으로 잘라 둥글게 말아서 뿔을 만들어 머리에 붙인다. 검은깨로 눈을 만들고 팥으로 다리를 만든다.

2 고슴도치 카노코는 백앙금을 4등분해서 둥글게 빚은 다음 코 부분을 뾰족하게 만들고 팥 아마낫토를 몸에 붙인다. 검은깨로 눈과 코를 만든다.

3 거북이 카노코는 백앙금을 4등분해서 둥글게 빚고 완두콩을 붙인다. 흰콩에 검은깨를 붙여 머리를 만들어 몸체에 붙이고 팥을 붙여 다리를 만든다.

4 냄비에 물과 가루한천을 넣고 뒤섞으면서 가열하다가 끓어오르면 불을 약하게 줄여서 2분 정도 더 가열하고 설탕을 넣어 녹인다.

5 카노코에 붓으로 한천액을 발라 윤기를 낸다.

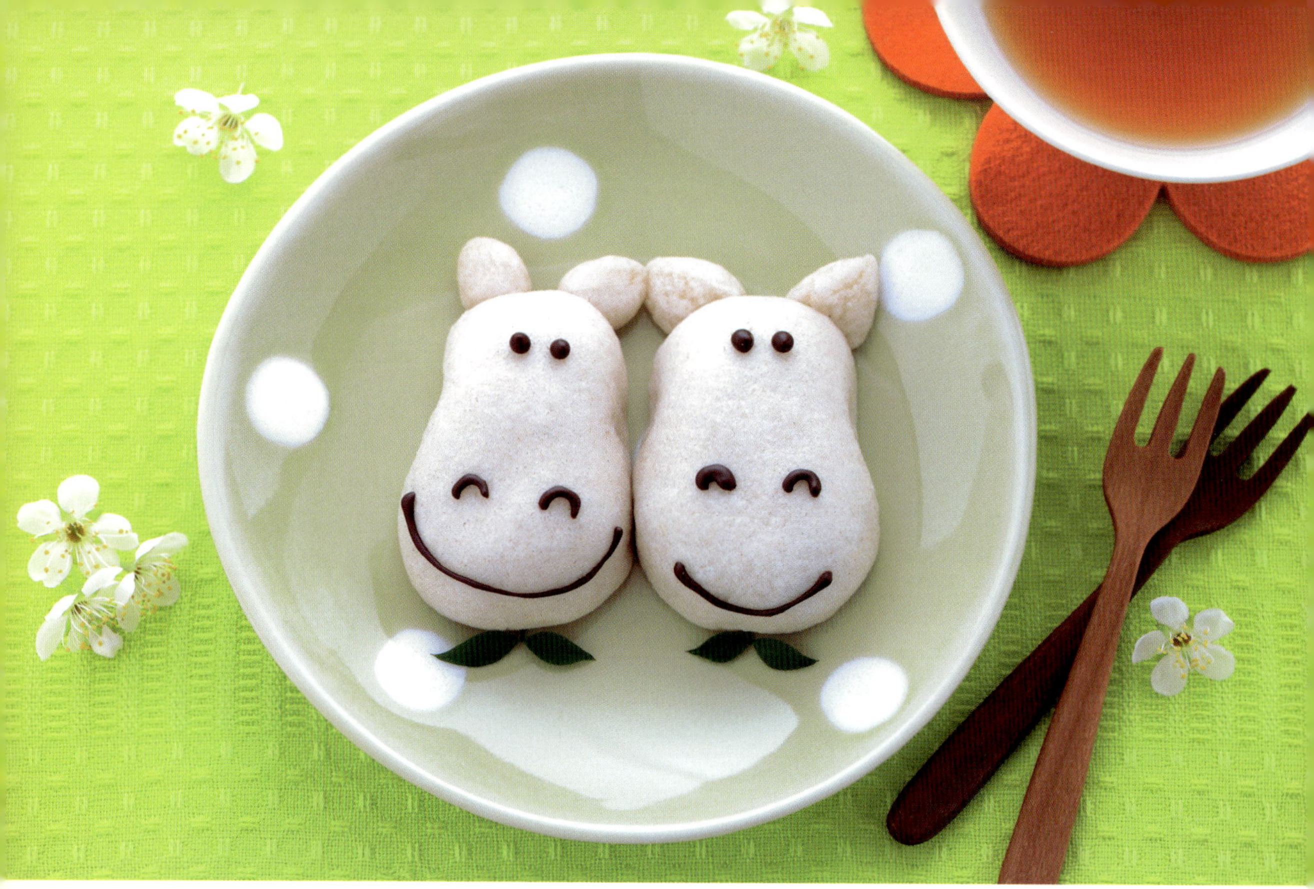

메밀가루로 만든 건강 만주

하마 메밀 만주

Hippo Buckwheat Buns

재 료 (5개 분량)

적앙금	160g
마(강판에 간 것)	60g
설탕	100g
멥쌀가루	35g
메밀가루	35g
초코펜(갈색)	적당량

만드는 법

1 적앙금은 8등분해서 하마 모양으로 둥글게 빚는다. 유산지는 7cm 정도 크기로 둥글게 잘라 놓는다.

2 마는 강판에 갈아서 60g을 덜어 절구에 넣고 설탕을 2~3번 나누어 넣으면서 곱게 간다.

3 볼에 멥쌀가루와 메밀가루를 섞어서 체 쳐 넣고 2를 가루 위에 올린다(a). 손으로 조금씩 가루를 섞어 가면서 손가락으로 눌렀을 때 마시멜로 같은 감촉이 되었으면 9등분해서 둥글게 빚는다. 그 중 1개는 16등분해서 귀를 만든다.

4 완성한 반죽으로 앙금을 싸고 하마 모양으로 다듬어 유산지 위에 올리고(b) 반죽 크기에 맞춰 유산지를 자른다. 귀를 붙이고 분무기로 물을 뿌린 다음 김이 올라오는 찜기에 넣고 중간 불로 약 10분 정도 찐다.

5 식힘망에 올려서 식히고 다 식으면 유산지를 떼어내고 초코펜으로 얼굴을 그린다.

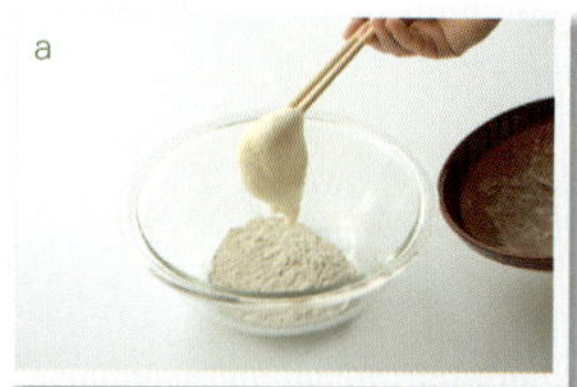

체 친 멥쌀가루와 메밀가루 위에 갈아 놓은 마를 올린다.

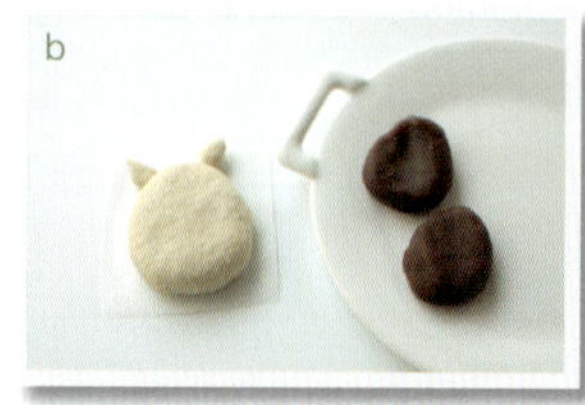

반죽으로 앙금을 싸고 하마 모양으로 다듬어 유산지 위에 올린다.

손수 만들어 더 정이 가는

백합 뿌리 눈사람 만주

Lily Bulb Snowman Buns

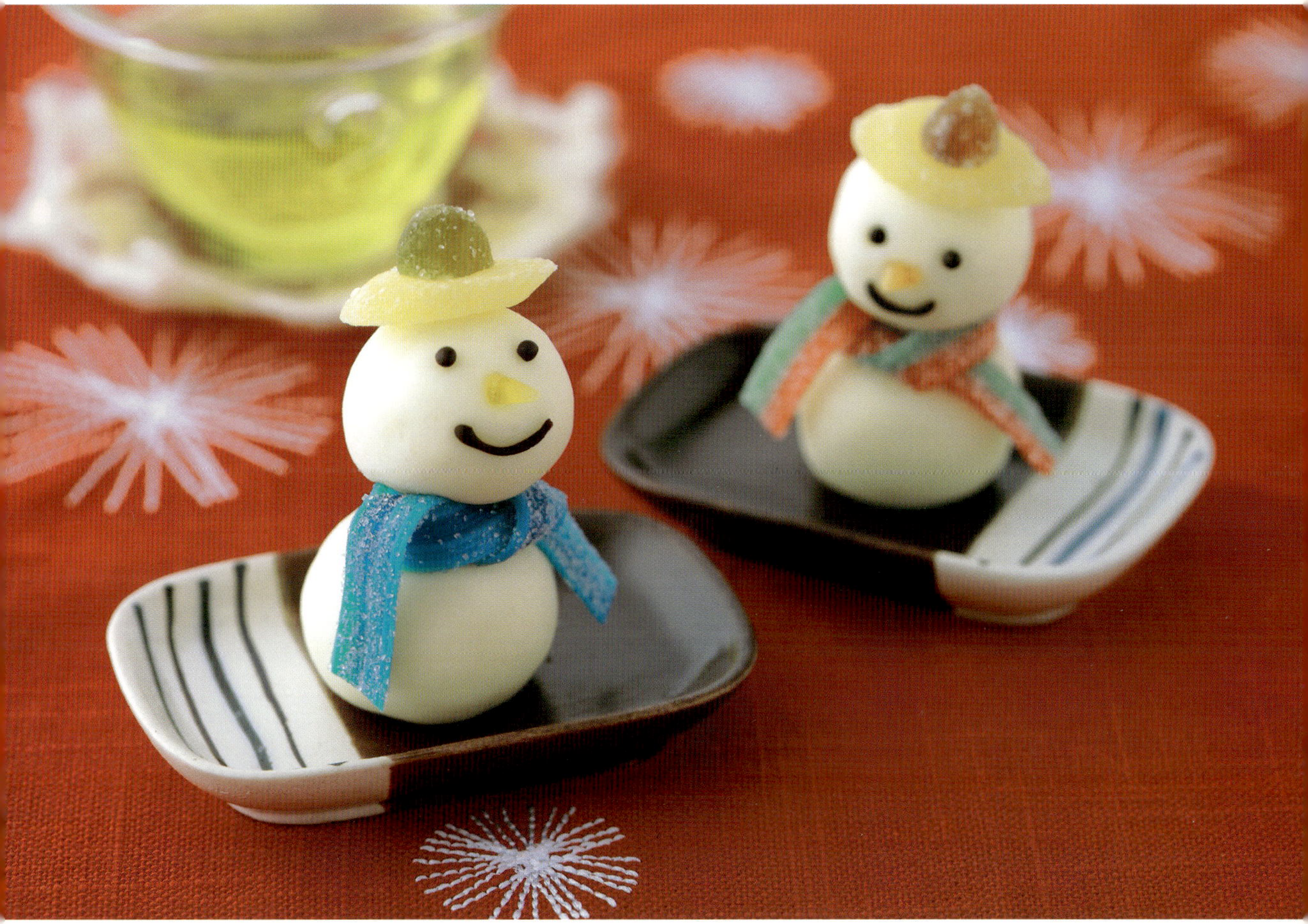

재 료 (4개 분량)

백합 뿌리 2개
설탕.. 2큰술
생크림...................................... 2큰술
긴 젤리(머플러) 2개
아마낫토(모자).............................. 2개
초코펜(갈색).............................적당량
말린 망고(코, 모자)....................적당량

만드는 법

1 백합 뿌리를 잘 풀어 씻고 갈색 부분은 칼로 자른다.

2 김이 올라오는 찜기에 넣고 중간불로 약 5분 동안 쪄서 다 익었으면 가는 체로 거른다.

3 설탕과 생크림을 넣고 섞어 4등분하여 눈사람을 만든 다음 초코펜으로 얼굴을 그리고 망고를 붙여 코를 만든다.

4 긴 젤리 과자를 적당한 크기로 잘라 머플러를 만든다.

5 눈사람 목에 머플러를 끼우고 망고 위에 아마낫토를 올려 만든 모자를 씌운다.

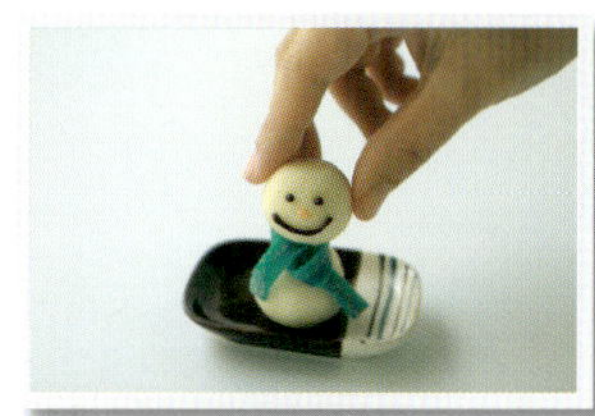

눈사람 목에 머플러를 끼운다.

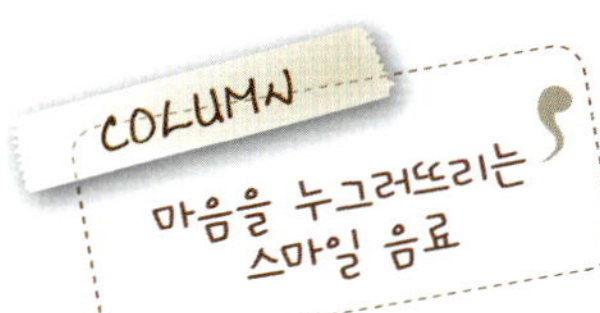

상쾌한 맛에 웃음은 보너스

스마일 스무디

Smiling Smoothie

재료를 얼려 만드는 스무디는 맛과 영양이 그대로 살아 있는 건강한 음료입니다.
시원하고 맛있는 과일 맛 스무디에 깜찍하게 장식한 아이스크림을
토핑으로 올린 스페셜 스무디를 만들어 보세요.
얼린 딸기나 망고와 같이 좋아하는 과일에 우유나 요거트,
시럽을 넣고 믹서로 갈아 유리잔에 담습니다.
그 위에 스쿱으로 뜬 아이스크림을 올리고 초코펜으로 자유롭게 그림을 그려 보세요.
곰이나 토끼, 돼지와 같은 귀여운 동물 얼굴도 좋고 가족이나 친구의 얼굴을 그려도 괜찮습니다.
상상력을 발휘해 다양한 스페셜 스무디를 만들어 보세요.

멋쟁이 미니 베이킹
Stylish Petit Sweets

한입 크기의 사랑스러운 과자나 초콜릿은 보기만 해도 황홀하고 행복한 기분을 선사합니다. 작지만 강한 인상을 주면서 맛은 일품! 파티용 디저트나 선물용으로 만들어 보세요.

강아지 마시멜로

Marshmallow Dog

┌ 가루젤라틴	17g
└ 물	3큰술
┌ 물	50ml
│ 설탕	120g
│ 망고퓨레	60g
└ 달걀흰자	2개
옥수수전분	적당량
초코펜(검은색)	적당량
미니 마시멜로	적당량

밑 준비

● 가루젤라틴을 물에 넣고 잘 섞어 불려 놓는다.
● 스테인리스 쟁반(21×27cm)에 종이호일을 깔아 놓는다.

만드는 법

① 작은 냄비에 물과 준비한 설탕의 반, 망고퓨레를 넣고 가열한다. 끓어올라서 설탕이 다 녹았으면 불을 끈 다음 젤라틴을 넣고 녹인다.

② 볼에 달걀노른자를 넣고 핸드믹서로 풀어 준 다음 남은 설탕을 여러 번 나눠서 넣어 가며 뿔이 생길 때까지 거품을 낸다(a).

③ ②에 ①을 뜨거운 상태에서(식으면 다시 가열함) 조금씩 넣어 가며 핸드믹서로 거품을 낸다(b). 부풀었으면 스테인리스 쟁반에 붓고 랩으로 싸서 냉장고에서 굳힌다.

④ 마시멜로 반죽이 굳었으면 차거름망으로 옥수수전분을 뿌린 후에(c) 먹기 쉬운 크기로 자르고 옥수수전분을 붓으로 털어낸다. 미니 마시멜로를 반으로 잘라 귀를 만들고 초코펜으로 얼굴을 그린다.

달걀흰자를 뿔이 생길 때까지 거품을 낸다.

망고퓨레를 넣은 젤라틴액을 뜨거운 상태 그대로 넣어 가면서 거품을 낸다.

굳은 마시멜로에 옥수수전분을 뿌려 가면서 자른다.

달걀흰자를 쓰지 않은 쫄깃쫄깃한 식감

병아리 마시멜로 ✦

만드는 법

① 옥수수전분을 스테인리스 쟁반에 넣고 평평하게 편 다음 달걀로 찍어서 움푹 파인 틀을 만든다(d). 메추리알로 하면 미니사이즈를 만들 수 있다.

② 망고퓨레와 그래뉼당, 물엿을 냄비에 넣고 가열한다. 끓어올라 둘레에 작은 거품이 생기면 불을 끄고 젤라틴을 넣어 녹인다.

③ 핸드믹서로 거품을 낸다. 부풀어 오르면 ①의 틀에 스푼으로 재빨리 떠 넣고(e), 냉장고에 넣어 굳힌다.

④ 만져보아서 잘 굳었으면 옥수수전분을 바르고 붓으로 털어낸 다음 초코펜으로 눈과 부리를 그린다.

┌ 옥수수전분	적당량
└ 가루젤라틴	10g
┌ 물	3큰술
│ 망고퓨레	50g
└ 그래뉼당	50g
물엿	20g
초코펜(갈색, 노란색)	적당량

밑 준비

● 가루젤라틴은 물에 넣고 섞어서 불려 놓는다.

옥수수전분을 평평하게 펴고 달걀을 찍어 틀을 만든다.

옥수수전분 틀에 스푼으로 마시멜로 액을 붓는다.

포인트
거품을 잘 낼수록 더 많이 부풀어 오릅니다. 만약 반죽이 식어 버렸으면 냄비 아래에 뜨거운 물을 받치고 녹인 다음 다시 핸드믹서로 거품을 냅니다.

눈사람 마카롱
Snowman Macaroons

┌ 달걀흰자 70g
│ 그래뉼당 40g
├ 슈가파우더 100g
└ 아몬드파우더 70g
아이싱 또는 초코펜 .... 적당량
좋아하는 잼 .... 적당량

밑 준비

- 슈가파우더와 아몬드파우더를 합쳐서 2 번 체 쳐 놓는다.
- 짤주머니에 10mm 크기의 둥근 모양 깍지를 끼워 둔다.
- 오븐을 160℃로 예열한다.

1 **머랭을 만든다.** 볼에 달걀흰자를 넣고 푼다. 그래뉼당을 3번 나누어 넣고 핸드믹서로 뿔이 생길 때까지 거품을 내서 머랭을 만든다.

2 머랭에 슈가파우더와 아몬드파우더를 넣고 고무주걱으로 힘주어 섞다가 부드러워지면 고무주걱의 머리로 반죽을 뭉개는 듯한 느낌으로 여러 번 섞는다(a).

3 윤기가 나고 반죽을 모았을 때 천천히 퍼지며 고무주걱으로 들어올렸을 때 띠가 겹치듯이 떨어질 정도가 되면(b), 10mm 크기의 원형 모양 깍지를 낀 짤주머니에 넣는다.

4 종이호일을 깐 오븐 팬에 간격을 띄어 가면서 눈사람 모양으로 20개 정도 짠다(c). 이때 머리는 지름 3cm, 몸통은 3.5cm의 밑그림을 미리 그려 놓으면 만들기 편하다. 그대로 두고 손으로 만져도 아무것도 묻어나오지 않을 때까지 말린다 (40분~몇 시간, 습도에 따라 달라짐).

5 160℃ 오븐에서 3분 정도 굽고 아래쪽이 부풀어 오르면(피에) 곧바로 온도를 140℃로 낮추고 약 7~9분 동안 굽는다. 식으면 종이호일에서 떼어낸다.

6 좋아하는 잼을 발라(d), 두 개를 붙이고 초코펜이나 아이싱으로 얼굴과 머플러, 단추를 그린다.

고무주걱의 머리를 사용해 반죽을 뭉개듯이 섞는다(마카로나쥬(Macaronage) 작업).

고무주걱을 들어 올렸을 때, 띠가 겹치듯이 떨어질 정도가 되도록 섞는다.

오븐 팬에 머리와 몸체를 조금 떨어뜨려 짠다. 밑에 그림을 미리 그려 놓으면 균일한 모양을 만들 수 있다.

좋아하는 잼을 바르고 두 개를 포개어 붙인다.

마카롱 아랫부분의 부풀어 오른 부분을 '피에'라고 부르는데, 이는 오븐의 온도를 낮추라는 신호입니다. 특히 하얀 마카롱을 구울 때는 피에가 생기면 바로 온도를 낮추어야 합니다. 눌어붙은 자국이 생겼으면 오븐의 문을 한 번 활짝 열어서 온도를 낮추어도 좋습니다. 눈사람 모양을 짤 때에는 반죽이 퍼지기 때문에 머리와 몸통을 조금 떨어뜨려서 짜면 예쁘게 만들 수 있습니다. 구울 때에도 부풀어 오르기 때문에 여러 차례 구워 보고 감을 잡도록 합니다.

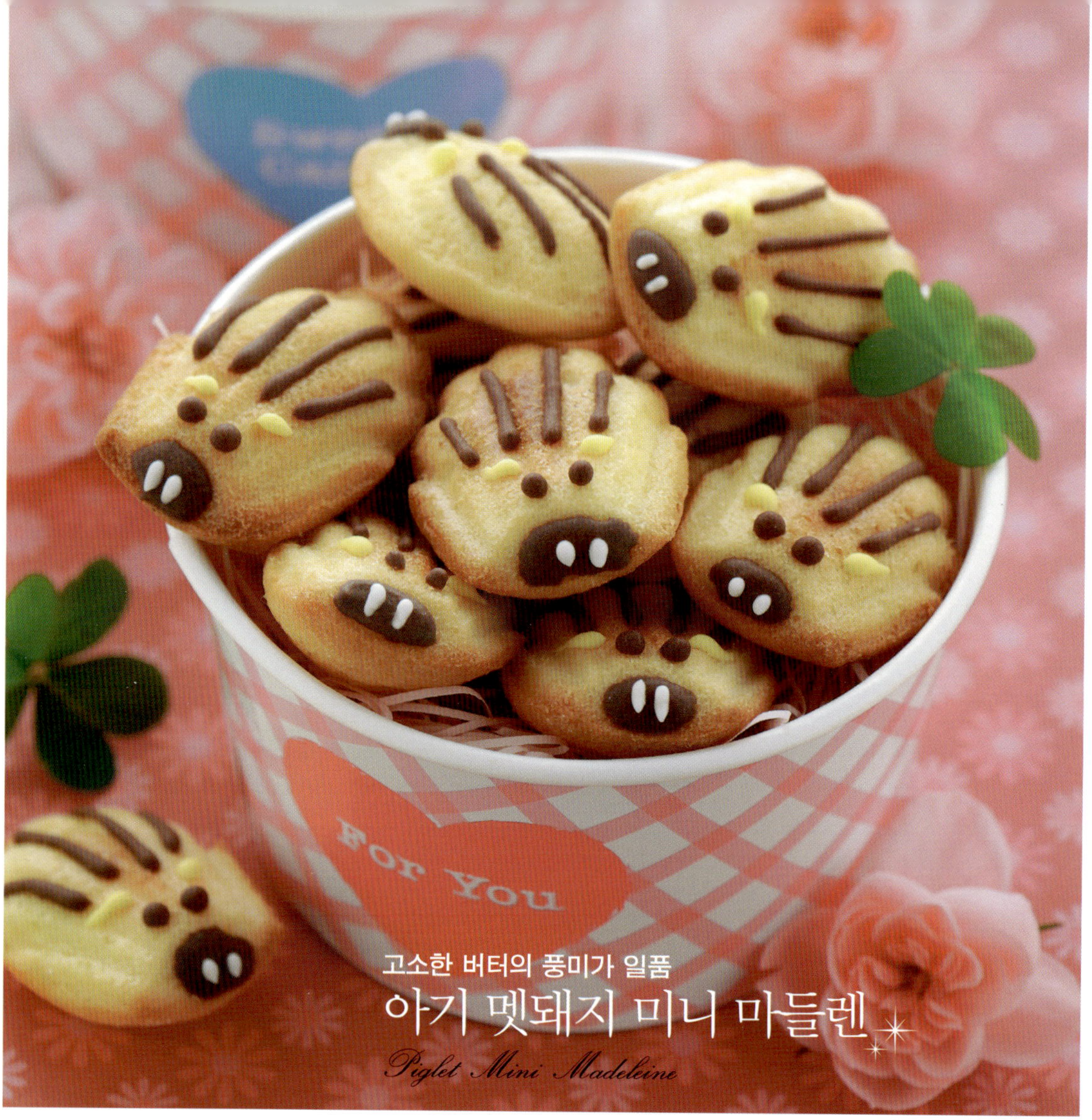

고소한 버터의 풍미가 일품

아기 멧돼지 미니 마들렌

Piglet Mini Madeleine

재 료 (미니 마들렌 60개 분량)

달걀	2개
황설탕	80g
벌꿀	1큰술
소금	한꼬집
박력분	100g
베이킹파우더	1작은술
무염버터	100g
아이싱(갈색, 노란색, 흰색)	적당량

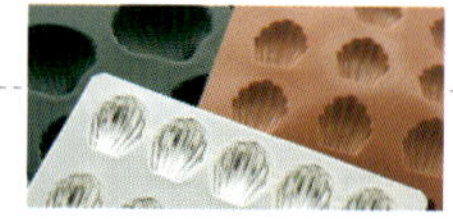

마들렌 틀은 실리콘 재질로 된 것이 좋습니다. 반죽을 그냥 부어도 달라붙지 않고 구웠을 때도 잘 떨어집니다.

밑 준비

- 박력분과 베이킹파우더는 합쳐서 체 쳐 놓는다.
- 금속 틀을 쓸 때는 녹인 버터를 붓으로 발라 박력분을 뿌리고 여분의 가루는 털어 버린다.
- 오븐을 170℃로 예열한다.

만드는 법

1 볼에 달걀을 넣고 거품기로 푼 다음 황설탕과 벌꿀, 소금을 넣고 잘 섞는다.

2 체 쳐 둔 박력분을 넣고 거품기로 섞는다.

3 작은 냄비에 버터를 넣고 중간 불로 가열해 흔들면서 살짝 끓인다. 갈색으로 변했으면 냄비 바닥에 찬물을 받치고 차망으로 거르며 2를 조금씩 넣어서 섞는다. 랩으로 싸서 1시간 정도 둔다.

4 틀에 반죽을 80% 정도까지만 붓고 170℃ 오븐에서 약 15분 굽는다.

5 다 구워졌으면 틀에서 꺼내 노란색 아이싱으로 귀를, 갈색 아이싱으로 눈과 코, 무늬를, 흰색 아이싱으로 콧구멍을 그린다.

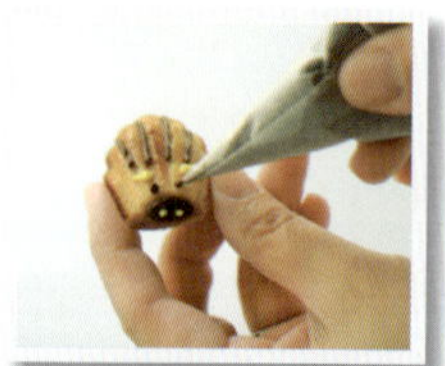

코르네에 넣은 아이싱으로 귀, 눈, 코, 무늬를 그린다.

화이트 초콜릿으로 행복 배달부 올빼미를

초콜릿 올빼미

Chocolate Owl

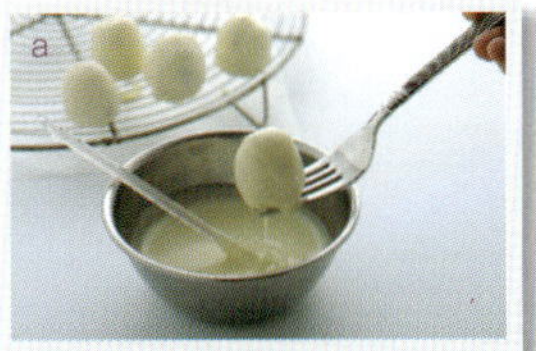

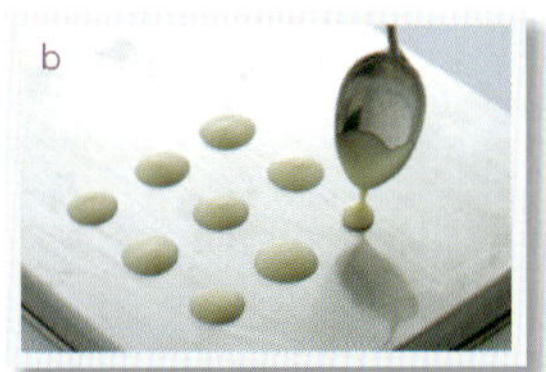

딸기 초콜릿에 화이트 초콜릿을 코팅한다. 망 아래에는 랩을 깔아 놓는다.

스테인리스 쟁반을 거꾸로 뒤집어 랩을 씌우고 작은 스푼으로 동그란 초콜릿을 만든다.

재 료 (8개 분량)

화이트 초콜릿	120g
생크림	2큰술
동결 건조 딸기(과립)	1큰술
코팅용 화이트 초콜릿	70g
말린 망고(부리)	적당량
초코펜(검은색, 흰색)	적당량

만드는 법

1 잘게 썬 화이트 초콜릿과 생크림을 내열 용기에 넣고 500W 전자레인지에서 약 50초 동안 가열한다. 스푼으로 뒤섞어 얼룩이 없도록 녹인다.

2 1에 동결 건조 딸기를 넣고 섞는다. 냉장고에서 조금 식혀서 한 덩어리가 되면 8등분해서 올빼미 모양으로 둥글게 빚어 냉장고에서 다시 굳힌다.

3 **코팅용 초콜릿을 템퍼링한다.** 금속제 작은 볼에 잘게 썬 화이트 초콜릿(준비한 양의 2/3)을 넣고 중탕으로 녹이는데, 습기나 수증기가 들어가지 않도록 주의한다. 50℃가 되면 중탕을 그만두고 남은 초콜릿을 조금씩 넣는다. 모든 초콜릿이 다 녹아 덩어리가 없는 상태로 온도가 32℃가 되면 템퍼링이 끝난다.

4 2의 초콜릿을 포크 등에 올려서 템퍼링한 화이트 초콜릿에 담갔다가(a), 아래에 랩이나 종이 호일을 깐 식힘망 위에 올려 굳힌다.

5 남은 코팅용 초콜릿으로 올빼미의 눈을 만든다. 작은 스테인리스 쟁반을 뒤집어 랩을 씌우고 작은 스푼으로 1.5cm 정도의 동그라미 16개를 만든다. 굳으면 검은색과 하얀색 초코펜으로 눈을 그린다.

6 굳은 올빼미의 몸에 초코펜으로 눈을 붙이고 말린 망고로 부리를 만들어 붙인다.

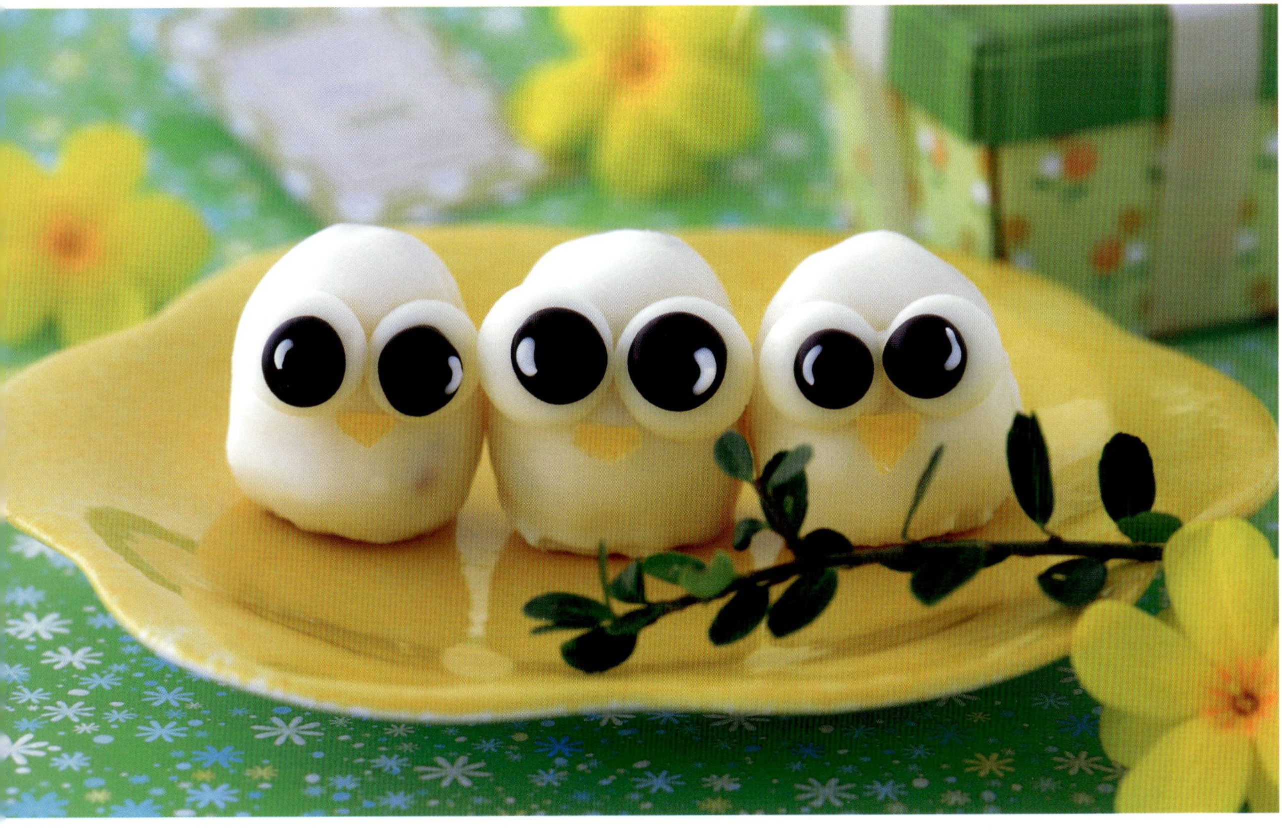

다쿠아즈 도토리

Meringue Cookie Acorn

재 료 (20개 분량)

- 달걀흰자 2개
- 그래뉼당 20g

A
- 아몬드파우더 30g
- 슈가파우더 30g
- 박력분 10g

프랄린 크림
- 무염버터 50g
- 슈가파우더 10g
- 프랄린 페이스트 30g
- 건조 블루베리 ....적당량

밑 준비

- A는 합쳐서 2번 체 쳐 놓는다.
- 버터는 실온에 놓아둔다.
- 오븐을 180℃로 예열한다.

만드는 법

1 **반죽을 만든다.** 볼에 달걀흰자를 넣고 핸드믹서로 푼 다음 그래뉼당을 2~3번 나누어 넣고 뿔이 생길 때까지 거품을 내서 머랭을 만든다.

2 체 친 A를 넣고 힘주어 섞는다(a).

3 15mm 크기의 둥근 모양 깍지를 끼운 짤주머니에 머랭을 넣어서 종이호일을 깐 오븐 팬에 도토리의 몸통용으로 길쭉하게 20개를 짜고 나머지는 모자용으로 납작하게 20개를 짠다(b).

4 슈가파우더(분량 외)를 차 거름망으로 2번 뿌려 놓는다(c).

5 180℃ 오븐에서 15분 굽는다. 다 구웠으면 식혀서 종이호일에서 떼어 놓는다.

6 **프랄린 크림을 만든다.** 실온에 놓아둔 버터를 크림 형태가 되도록 휘저은 다음 슈가파우더와 프랄린 페이스트를 넣고 섞는다.

7 5의 몸통과 모자 사이에 크림을 끼우고 블루베리를 2개 붙여서 눈을 만든다.

머랭에 체 쳐 둔 재료를 넣고 고무주걱으로 힘주어 섞는다.

오븐 팬 위에 도토리의 몸통과 모자 형태로 반죽을 20개씩 짠다.

반죽 위에 슈가파우더를 차 거름망으로 2번 뿌린다.

지바 다카코
(사진가 & 스마일 베이킹 작가)

홋카이도 출생. O형, 양자리.
푸드스타일리스트를 거쳐 2000년부터 꽃과 푸드 전문 사진작가로
활동해 오다가 2002년부터 스마일 베이킹을 만들기 시작했다.
매우 대범하고 꾸준히 자신의 길을 가는 타입으로 '좋아하는 일을,
좋아하는 때에, 좋아하는 사람과' 하기 위해 지금도 분투 중이다.
아름다운 색과 자연, 동물, 정원 가꾸기를 사랑하며 대자연 속에서 꽃과
녹음, 유쾌한 사람들과 함께 자급자족하는 생활을 꿈꾼다.
도쿄 공예대학 예술과를 졸업하였고 관리영양사와 조리사 자격증도 있다.
http://www.quatrea.net

이재화

강원대학교 동물자원학부를 졸업했다. 대학교 재학 중 가고시마대학에서
교환학생으로 공부했으며 현재 엔터스코리아 출판기획 및 일본어 번역가로 활동 중이다.
주요 역서로는 〈매일매일 일러스트 트레이닝〉, 〈믿을 수 없는!? 생물진화론〉,
〈마음 클렌징〉, 〈크리에이티브 초이스〉, 〈오바마의 책장〉,
〈언제나 최선의 답을 찾아내는 크리에이티브 초이스〉, 〈그리스, 로마 명언집〉,
〈고슴도치〉, 〈자투리천으로 소품만들기〉등이 있다.

모두가 행복해지는 달콤한 선물
해피 스마일 베이킹

1판 1쇄 발행 2011년 4월 20일
1판 2쇄 발행 2011년 5월 10일

저자 | 지바 다카코
역자 | 이재화
디자인 | 윤재영, 박진희
편집 | 엄진섭, 김재현, 김혜라
출력 | 본프로세스
인쇄 | 영창인쇄

발행인 | 손호성
펴낸곳 | 아르고나인

등록 | 제 312-2008-000012호
주소 | 서울시 종로구 종로1가 24번지
　　　　르메이에르 종로타운1 2017호(B동)
전화 | 070.7535.2958
팩스 | 0505.220.2958
e-mail | atmark@argo9.com
Home page | http://argo9.com

ISBN 978-89-93497-82-3 13590

※ 값은 책표지에 표시되어 있습니다.
※ 〈아르고나인〉은 국내 친환경 인증 콩기름 잉크를 사용하여 인쇄합니다.